U0210509

彩图版苹果
优质安全栽培技术

张立功 薛 雪 编著

中国农业出版社
农村读物出版社
北京

图书在版编目（CIP）数据

彩图版苹果优质安全栽培技术/张立功，薛雪编著
. —北京：中国农业出版社，2020.2
ISBN 978-7-109-26442-7

Ⅰ.①彩⋯　Ⅱ.①张⋯②薛⋯　Ⅲ.①苹果-果树园艺-图解　Ⅳ.①S661.1-64

中国版本图书馆CIP数据核字（2020）第012105号

中国农业出版社出版

地址：北京市朝阳区麦子店街18号楼
邮编：100125
责任编辑：黄　宇　张　利
版式设计：王　晨　责任校对：赵　硕
印刷：中农印务有限公司
版次：2020年2月第1版
印次：2020年2月北京第1次印刷
发行：新华书店北京发行所
开本：880mm×1230mm　1/32
印张：4.25
字数：125千字
定价：32.00元

目录

一、1月份 苹果园管理技术

月份：1月（小寒、大寒）。

物候期：休眠。

农事要点：整形修剪、病虫害防治。

1月份已经进入严冬，苹果树处于休眠期。本月的工作重点是整形与修剪，时间以12月至翌年2月上中旬为佳。

俗话说得好：肥水管理是基础，花果管理是关键，病虫害防治是保障，整形修剪是调节。整形修剪在果树生产当中起调节作用，主要有三个方面：一是调节光照，通过一系列修剪措施，使果树群体分布及个体结构合理，枝条空间分布恰当，尽可能地减少通风透光不良区域，提高光能利用率。目前生产中主要有幼树的树形建造和成龄郁闭果园的改造等。二是调节树势，通过不同的修剪措施，使果园各个体之间以及每一棵果树内部各枝条间生长均衡，既不过分旺长又不过分衰弱，树势健壮、平衡稳定，具体到修剪当中主要措施有，针对过旺枝条的分散极性，控制旺长，稳定成花，以及针对衰弱枝条的集中营养，回缩复壮等。三是调节负载，通过修剪手段，调整果树的花芽数量。对于花量过多的果树，通过花前复剪等措施以减少果树花芽数量，减轻疏花疏果的劳动强度，减少果树营养浪费使果树合理负载。对于花芽过少的果树就要通过一系列调势促花措施使果树尽快成花。

目前苹果树形主要分两大类，即高纺锤形和开心形。本书以密植高纺锤形和稀植开心形为例简要说明。

（一）高纺锤形

高纺锤形起源于欧洲，采用高纺锤形需要应用矮化砧木（如M9、B9自根砧或M26、SH系中间砧等），其冠径为0.9～1.2米，树高3.5米，干高0.7～0.8米。高纺锤形果园的密度为每667米²110～220株，行株距多为（3.5～4）米×（1.5～2）米。应用高纺锤形多是栽植多侧枝的大苗或将一年生苗多短截的办法培育带分枝的优质苗木建园。用分枝越多的苗木建园，第三年开始结果。因此，在建立高纺锤形果园时，苗木粗度不低于1.5厘米，有6～15个位置合适且不超过40厘米的侧枝，第一侧枝距地面不少于80厘米。

高纺锤形结果状

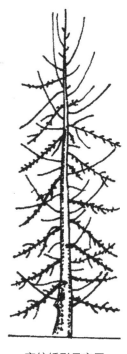

高纺锤形示意图

春季的高纺锤形苹果园
（甘肃礼县）

意大利高纺锤形
苹果园（冬季）

意大利高纺锤形
苹果园结果状

日本高纺锤形苹果园

1. 栽植修剪 栽植时尽可能少修剪。对于有6～15个小侧枝的苗木，仅去除直径超过主干干径1/2的大枝；对于有较少较大分枝的苗木，仅去除直径超过主干干径2/3的大侧枝。

选用带分枝的大苗建园，第二年就会有部分产量

2.**枝条角度处理** 获得早期高产最重要的措施是苗木栽植后把较大的分枝立即拉至水平以下，减少延长生长，促进成花。通过早结果控制树势，这对定植后头3年不修剪是至关重要的。高纺锤形树的较大侧枝（长度25厘米以上）需要拉或压至水平以下以便结果，同时防止其发展为强骨干枝，弱小侧枝不用拉枝处理就可以结果。高纺锤形树体管理的简单化，可以使许多侧枝前5～8年在紧凑空间几乎不用修剪就能连年结果。

将幼树较大的分枝拉至水平以下

高纺锤形结构

3.产量调控 进入结果后的前四年，保持生长和结果的平衡对于高纺锤形果园避免隔年结果是非常重要的。选用早果矮化砧木，如栽后2～3年结果过多，第四年开始出现隔年结果现象，这样导致第四年营养生长过旺。品种之间隔年结果习性不同，需综合考虑初结果树的负载量。

结果情况

4.成龄树树形　高纺锤树形必须培养3.5米高的主干，小结果枝着生在主干上。为了在3年内培养好这种树形，培养强壮的中干是这一树形成败的关键，对于营养钵大苗，栽植时可不短截中央领导干。这样栽植时树高1.5米，可达到目标树高的一半。为防风，在展叶时需要安装3～4道铁丝，在每株树旁插竹竿作立柱，上边和下边用2条铁丝分别绑在竹竿上。用铁丝固定的中央领导干延长头在培养的前4～5年不能被短截，直至达到目标树高并大量结果，树的上部由一些被果实压弯的结果枝组成。

苗木定植后每棵树绑一根竹竿以保证果树的中干笔直

5.更新修剪　随着树龄增长，如果能保持树体上下基本一致、营养生长和生殖生长平衡、光照分布良好，就可以保证获得优质果实。就高纺锤形树来说，保持树体充分受光的最好方法是及时疏除树体上部过长的大枝，而不是回缩，保持树中央领导头的方法是每年彻底去除顶部1～2条竞争枝。为了保证枝条更新，去除大侧枝时应留马蹄形剪口，剪口下会发出平生的弱枝，不要短截，结果后会自然下垂。这种修剪方法连年进行，树上部就全部由小结果枝组成，小枝不会遮光，比下部枝条短，形成良好的树冠。

高纺锤形果树整形过程中有两大技术关键：其一，是要保持中干的绝对优势，中干绝对不能弱；其二，是主枝和中干的粗度一定要拉开，主枝绝对不能粗。这两个关键方面，任何一个出了问题都会导致整形失败。由于高纺锤形树体较高，冠幅较小，这就要求中干必须强壮和笔直，在生产当中一般可在定植以后每棵树绑一根竹竿或钢管，以保证果树中干笔直，同时应当注意保证中干的强势，生产当中，对于长势较弱的果树中干，可以对其延长头进行短截，同时注意拉开主枝和中干的粗度比，一般要求主枝粗度不超过中干的1/7～1/4。对于肥水较好的地区，可采取苗木定植后连续2年台剪（留1～1.5厘米短截）粗壮主枝，让其重新发枝，以拉开主枝和中干的枝龄和粗度。对于肥水条件较差的区域，苗木定植后可将第一年发出的主枝从基部拉枝使其下垂，角度一定要大，甚至可以垂直向下，贴近中干，以控制其生长，同时促进成花结果。

（二）开心形与小冠开心形

1. 开心形　苹果开心树形起源于日本，该树形在日本被称为"高品质的苹果树形"。其树冠大、树龄长、主枝开张、枝条下垂结果，是目前苹果乔化栽培中比较理想的树形。大冠开心形树结果寿命较长，通常可达50年以上。在日本青森地区，不少40～60年树龄的苹果树，仍然枝叶健旺，自然下垂，硕果累累。开心形苹果树虽然整形周期长，结果较晚，一旦进入盛果期，则树势中庸，枝组极易结果下垂，形成"披头散发"树形。不但光照好、产量高，而且品质优良，为苹果乔化栽培赢得了新的机遇。

开心形根据干的高低可分为高干开心形、中干开心形和低干开心形，根据冠幅大小又可分为大冠开心形和小冠开心形，根据砧木类型可分为乔化开心形和矮化开心形，根据主枝多少可分为二主枝开心形、三主枝开心形、四主枝十字开心形、五主枝开心形和多主枝开心形，另外，根据是否分层可分为双层开心形和单层开心形。

美国华盛顿的开心形苹果树

日本青森的开心形苹果树

开心形苹果树结果状（日本青森）

（1）开心形的特点与优点　与我国现有的树形相比，开心树形主要有以下几个优点：

①干高，园内通风透光好。主干一般在1.5米以上，消除了下部的无效光区，增加了果园的通风透光能力。

②无主干头，增加了内膛光照。

③永久性大主枝少，树冠1层，枝、叶、果全部见光，果实品质高。

④果树修剪以甩放为主，修剪方法简单，容易成花，通过培养主枝两侧下垂结果枝组结果，形成立体结果树形，果树的产量高。

⑤单位面积枝量少，冬剪后每667米^{2}枝量（亩*枝量）5万条左右，因此树体的光照充足，传统树形冬剪后每667米^{2}枝量12万～15万条，枝量大、光照差。

⑥结果年限长，开心树形20年初步成形，30年才完全成形，30～60年是稳定结果期，开心树形是一种优质丰产的树形，但腐烂病对开心形寿命影响最大。

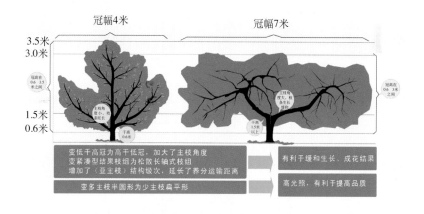

开心形与主干疏层形比较示意图

＊　亩为非法定计量单位，1亩约为667米^2。——编者注

开心形与传统主干疏层形比较具有以下显著特征：其一，在树形上变过去的多主枝半圆形为少主枝扁平形，这样树冠各部位均能被充足的阳光照射，有利于生产出高品质的果品，同时也有利于病虫害的防治；其二，变低干高冠为高干低冠，加大了主枝角度，枝条生长缓和，有利于成花结果；其三，增加了（亚主枝）结构级次，也就增加了养分运输的距离，缓和了生长，促进了成花结果；其四，变紧凑球形结果枝组为松散下垂长轴式结果枝组，适应了红富士苹果的结果习性，有利于高产稳产，同时减轻劳动力。

下垂式长轴结果枝组及结果状

下垂式长轴结果枝组　　　　　　　　开心形树体结构

（2）开心形树体培养过程　开心形株行距一般为7米×7米，充分的空间是培养开心树形的前提，不过在小树培养阶段可种一些矮化砧木的临时株（3.5米×3.5米），以利于早期收获。树高控制在4～4.5米，叶幕厚度3～3.5米。开心形最终留2个主枝，每个主枝留2个亚主枝，交错分布。

开心形培养一般可分为幼龄期、初结果期、成龄结果期3个时期。幼龄期指4～5年生的树，这个时期按主干形整形；初结果期指6～10年生的树，这个时期把树头去掉，中心干高度不再增加，维持8个主枝；盛果期（树龄10～20年）首先将主枝由8个减少到4个，并培养出4个亚主枝；衰老期（树龄20年以后）按开心形整形，这个时期主要是不断更新结果枝组，维持稳定的树形。

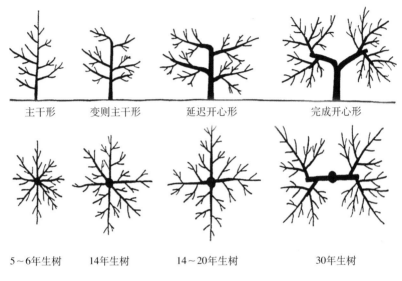

主干形	变则主干形	延迟开心形	完成开心形

5～6年生树	14年生树	14～20年生树	30年生树

开心形果树整形过程示意图

A.幼龄期的培养（自由纺锤形）

①选苗定干。选择粗壮健康的苗木栽植，根系较为完整，高度1米以上，基部直径至少1厘米，在70～80厘米处选择饱满芽定干，对于细弱的苗木定干高度要适当降低。

②二年生小树的整形。中心干留40～60厘米，在饱满芽处进行短截，刺激新枝发生；将角度小、长势强的枝条疏掉，这类枝条极性过强，任其生长会扰乱树体结构，也不易成花结果；对下部的中庸枝条剪3～5厘米，留外芽以利于开张角度，与中心干夹角小于45°的枝条要进行拉枝，这些枝条都是临时结果枝，通过轻剪缓放和拉枝促其早期结果，修剪完成后枝头呈圆弧状。

③三年生小树的整形。中心干留40～60厘米在饱满芽处进行短截；将角度小、极性强的枝条疏掉，长势中庸的枝条留外芽轻剪，小角度的枝条要拉枝；对其下部二年生枝如与主枝延长头

竞争的枝条和背上大的徒长枝也要疏掉，其他枝条一律甩放，修剪完成后枝头呈圆弧状。幼树生长季尽可能不要修剪，以尽快扩大树冠。

④4～5年生树的整形。这个时期仍然按照主干形整形，中心干继续向上延长，主干前端一年生枝条的修剪同上，树高超过3米时，选留10～15个主枝在中心干上交错排列。主枝和侧枝的培养过程中要避免出现轮生枝，修剪完成后主枝和侧枝从基部看是一个下大上小的等边三角形。枝条修剪仍以甩放为主，下部的主枝延长头也尽量不再短截，疏掉徒长枝和与主枝延长头竞争的枝条（也可夏剪时进行）。

B.初结果期的培养　这个时期（6～10年生树）主要是落头开心和主枝培养，通过提干、落头将10～15个主枝逐年疏除，保留7～8个主枝，其中落头高度为3米左右，提干高度1～1.2米。落头形成以后中心干就不再延长，这时要留1个小头，以后每年对这个小树头去强留弱，抑制其长大。保留小头可以保护地下主根的生长，保护下部主枝不受腐烂病的侵害，也可以防止日灼，同时小树头也能挂果。

C.盛果期整形　这个时期（10～20年生树）主要将主枝数目由7～8个减少到4个左右，并培养出主枝上的亚主枝，其中提干到1.5米左右。为维持主枝的生长势，在修剪时可对主枝延长头轻短截，留果时延长头部位不留果，当主枝（或亚主枝）角度过大时要用支柱撑上。其他临时性主枝一律甩放，以结果为主，随着树龄的增大，临时性主枝要逐步缩小。对于下部的临时性主枝由于内膛光照恶化要逐步疏除基部的枝条，使结果部位外移；对于中上部的主枝可以向外赶，也可以将枝头部位去掉，留基部结果枝组结果，总之，以不影响主枝的生长和光照为原则。在主枝2米左右的位置选留2个侧枝来培养亚主枝，这2个侧枝左右对称，生长势强，斜向上生长，间隔30～50厘米，随着亚主枝的长大，影响亚主枝生长和光照的枝条都要去掉。

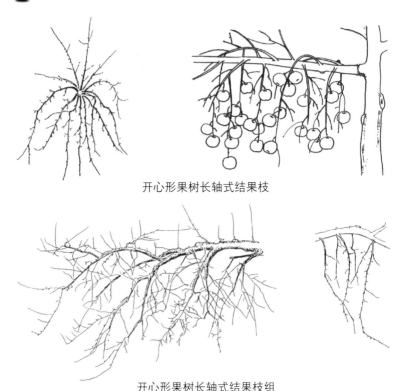

开心形果树长轴式结果枝

开心形果树长轴式结果枝组

20年后主要是亚主枝的扩大和结果枝组的完善，树形完成后主要是不断地更新结果枝组，维持枝势。随着树冠的扩大，当亚主枝相互影响时也要根据实际情况进行缩减，维持整个果园的通风透光条件。

（3）结果枝组的更新　要延长果树的经济寿命，保证优质、高效，必须对结果枝组及时更新复壮、永保活力。

①密切注意果台副梢的长势和成花情况，对过弱的要及时回缩。回缩过晚，一是易产小果；二是由于营养过于分散，后部易枯死、"光腿"，不易发壮枝，难复壮。

②回缩更新，一定要适时、适度，既要复壮，还要防止二次返旺。

③利用主枝斜背上发的强壮枝，诱导成花，培养结果枝组，将生长优势转化为结果优势。

开心形果树长轴式结果枝结果状

④树龄、枝龄越大，越要注意去弱留壮，甚至留强，去向下留平，留斜背上。对顶芽充实、侧芽瘦弱的弱枝，不可短截，即使是花芽，也应通过疏花疏果留空台，利用果台副梢复壮，但必须要疏去过弱、过多的枝芽，减少生长点，以集中营养复壮。

⑤大、中型结果枝组更新，应在枝组内进行；必须疏除时，要培养好预备枝，防止疏除后造成结果部位不足。

2.小冠开心形　我国的小冠开心形借鉴日本大冠开心形的整形修剪特点，针对我国乔化密植树形进行改造，形成了符合我国实际的特色树形。

衰老期的苹果树

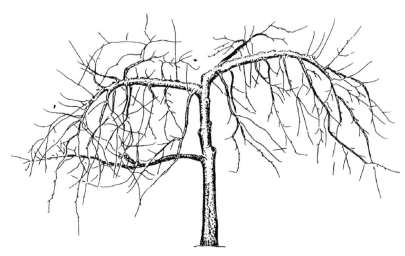

小冠开心形

小冠开心形苹果园的株行距一般为5米×6米，树高控制在2.5～3米。主干高度1.0～1.5米，树干总高度2.0～2.5米，中干上着生4个不重叠的主枝，呈错落"十"字排列，主枝方位角为90°左右，垂直角为60°～80°，如主枝在干上着生位置低，垂直角度应小些，反之则大些。主枝上一般不留大侧枝，配备大、中、小搭配合理，高、中、低错落有序的松散细长型结果枝组。树冠单层，呈伞形或蝴蝶形的半圆或扁圆体，冠厚2.0米左右。

　　该树形改我国苹果树形的立体骨架结构模式为平面骨架结构模式，改苹果树紧凑型结果枝组为松散下垂型结果枝组的结果方式，改苹果树冠形状呈圆锥体、圆柱体、圆台体、多层体为单层伞形或蝴蝶形披头散发的扁圆体，树冠比日本开心形小，更适合我国土壤有机质含量低和乔砧密植早丰的苹果生产现状，整形修剪技术简化实用，易操作掌握。该树形主干高、大枝少、树冠薄、单位面积枝量（亩枝量）低、产量高、品质好、枝组下垂，充分尊重和利用了苹果树生长结果习性，大大提高了光合效率与营养积累水平，同时利于田间作业和病虫害的防治（表1）。

表1　小冠开心形与日本大冠开心形的异同

内　容	日本大冠开心形树	中国小冠开心形树
冠径大小	较大，为6～8米	较小，为4～5米
主枝及侧枝数量	2个，每个主枝上有2个侧枝	4个，没有侧枝
成型时间	20年	10年
下垂枝组	2米	1.5米

高干小冠开心形

中干小冠开心形

小冠开心形一般适宜4米×6米以上株行距的乔化果树整形，为保证前期产量和效益，一般采取先栽密后间伐的办法进行培养。在定植果树之初就确定好永久树和临时树，并采取动态管理办法进行管理，临时树在保证前期产量的基础上必须为永久树让路。小冠开心形树形培养与大冠开心形前期管理具有一定的相似性。

（三）冬季果园病虫害防治技术

寒冷的冬季，绝大多数果园的害虫、病原菌在枯枝落叶、病虫僵果和树体杂草等处蛰伏越冬，如大青叶蝉在树体的小枝表皮下产卵越冬，苹果黄蚜的卵在当年生枝条的芽腋间越冬，卷叶蛾以幼虫在枝梢顶端卷叶内结茧越冬，金纹细蛾以蛹在落叶中越冬，梨茎蜂以蛹在被害的枝条内越冬，梨大食心虫以幼虫在梨芽内越冬，梨木虱以成虫在树皮裂缝、落叶和杂草中越冬等。利用这个特点，我们就可以采取树干束草、果树刮皮、树干涂白、处理剪锯口、清洁果园、冬耕或冬灌、喷药防治等，及时对苹果园的病虫害进行一次综合防治。

1. **捆绑草束**　利用一些害虫下树进入越冬场所的习性，可于秋末在树干上捆绑一圈稻草、麦草或布片等，诱使那些在树干、树权、裂缝翘皮下越冬的害虫聚集草束或布片内潜藏越冬。入冬时可适时解除集中烧毁，消灭害虫。

2. **果树刮皮**　果树主干、主枝丫权及老翘皮、裂缝、伤口是害虫的越冬场所，常潜藏着多种害虫和病菌，如螨类、食心虫类、介壳虫类、卷叶虫类、梨星毛虫等，刮皮结合除卵同步进行，效果显著。

3. **处理剪锯口**　对于粗糙的剪锯口，要用锋利的电工刀削平，并及时用伤口保护剂处理，防止树体水分和养分流失，预防病菌入侵。剪锯口处理用液体接蜡配方：松香300克、猪油100克、酒精100毫升、抽枝宝5克。配制方法：先将猪油加热化开，再加入松香末，待熔化后移火20～30分钟，然后用温水软化抽枝宝，再用75％酒精稀释软化的抽枝宝并徐徐倒入，注意边倒边搅拌，配制好的液体接蜡宜用薄铁皮食品盒或油漆盒盛放，接蜡可连用4～5年，如凝固时可连容器放在热水中，化开后继续使用。

4.清洁果园 冬季，绝大多数果树的害虫、病原菌开始在园内病枝梢、枯枝、落果、僵果、落叶和杂草中蛰伏越冬休眠。冬初要及时摘除树上的病僵果，并将病虫枝、干枯枝、落叶、烂果、杂草全部彻底清理出果园，集中烧毁或深埋，以除隐患。

5.剪除病虫枝 结合冬剪进行，集中对病虫枝处理，并注意破除树枝上的害虫茧（如黄刺蛾）。此项措施对预防苹果腐烂病、干腐病、白粉病、炭疽病等病菌复发以及控制苹果卷叶蛾、介壳虫、天幕毛虫、蚱蝉等害虫大有好处。通过剪除干枯枝及病虫枝集中烧毁，可有效减少病虫害基数，大大减轻来年病虫的危害程度。

6.树干涂白 常用于幼树涂白和大树主干（特别是颈部）涂白，防冻、防日灼、灭菌、杀虫。树干涂白可增强反光，减少树干对热量的吸收，缩小温差，使树体免受冻害。作用主要是防止日灼和抽条，其次是消灭病虫害，兼防野兽啃咬。

7.药物防治病虫害 采果后及时喷氨基酸或黄腐酸，或有机钾加斯德考普、稀土等，防冻抗旱，增加营养，提高树体营养水平，防止抽条。苹果树落叶后，幼龄树体应对树盘进行树干基部培土，防止基部根系受冻。还可对树干基部及主枝涂一层生石灰水，使之形成一层保护膜，封闭气孔，预防抽条。进入休眠期后，病菌的抗性减弱，而果树的抗性开始增强，因此休眠期用药很有必要，成龄果园适时喷一次5～7波美度石硫合剂或40％氟硅唑4 000倍液，可有效防治多种病虫。

8.冬季果园耕翻 冬季果园土壤昼冻夜消时进行园土耕翻，将越冬害虫及其越冬虫茧、蛹暴露冻死，通过这个方法破坏了害虫的越冬条件，有效地杀死许多害虫。对果园进行深翻，除改善土壤结构、保护土壤墒情外，更重要的是捣毁病虫害的生存场所。因为蝼蛄、金龟子、金针虫、地老虎等地下害虫冬季均生存在土中，桃小食心虫、梨花网蝽、蚜虫、梨木虱等害虫喜欢在地缝、杂草内产卵或以成虫、蛹、幼虫等形态越冬，因此，土壤封冻前要深翻园地，刨松树盘，把害虫翻到地面上冻死或被鸟类食掉。

9.果园冬灌 有灌溉条件的地方，果树落叶后要及时整翻树盘，平整园田，并进行大水漫灌，把果园浇透，谓之封冻水，这样既可以消灭一部分土壤中的越冬害虫，又可以满足果树越冬期间对水分的需求。实践证明，浇灌封冻水，可闷死土中虫卵、幼虫和蛹。需要注意的是，在深翻时，一定要将土壤表面的枯枝、落叶、杂草等一同翻埋到土壤深处，使其上的病原菌不再重复侵染。

二、*2月份* 苹果园管理技术

月份：2月（立春、雨水）。

物候期：休眠。

农事要点：整形修剪、清洁果园、病虫害防治。

2月份管理基本是1月份管理的延续，主要是清洁果园，防治病虫和整形修剪。

（一）清洁果园

寒冷的冬季，利用绝大多数果园害虫、病原菌在枯枝落叶、病虫僵果和树体杂草中蛰伏越冬的特点，可以采取树干束草、刮老翘皮、涂白、处理剪锯口、冬耕或冬灌、喷药防治等，及时对苹果园的病虫害进行一次综合防治。

病僵果

褐斑病叶

红蜘蛛

多种果园害虫、病原菌就潜藏在枯叶当中

1.清扫果园　清扫果园的落叶、病果、虫果、杂草、废弃果袋和杂物等，并集中深埋或烧毁处理，消灭其中潜藏越冬的病虫。

清扫果园

2.剪除病虫枝　结合冬剪进行，对病虫枝集中处理，并破除树枝上的害虫茧（如黄刺蛾）。此项措施对预防苹果腐烂病、干腐病、白粉病、炭疽病等病复发以及控制苹果卷叶蛾、介壳虫、天幕毛虫、蚱蝉等害虫大有好处。剪除干枯枝及病虫枝集中烧毁，可减少病虫基数，大大减轻来年病虫的危害程度。

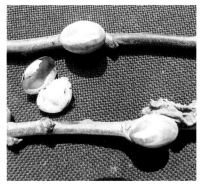

黄刺蛾茧及茧内的越冬幼虫

白粉病梢

25

卷叶蛾

梨圆蚧

3. **刮老翘皮** 果树主干、主枝丫杈的老翘皮、裂缝、伤口是害虫的越冬场所，常潜藏着多种害虫和病菌，如螨类、食心虫类、介壳虫类、卷叶虫类、梨星毛虫等，刮老翘皮结合除卵同步进行，效果显著。

4. **处理诱虫带或草束** 利用一些害虫下树进入越冬场所的习性，可于秋末在树干上捆绑一圈稻草、麦草或布片等，诱使那些在树干、树杈、裂缝翘皮下越冬的害虫聚集草束或布片内潜藏越冬。严冬时可适时解除集中烧毁，消灭害虫。

树干绑诱虫带

5.刮治腐烂病　结合刮老皮和冬季修剪，细致检查，发现腐烂病应及时刮治。刮治要用利刀、梭形、立茬。要刮早、刮小、刮了。刮治要超出病疤上下各3～5厘米，左右各1.5～2厘米宽。立即用愈合剂或封剪油、液体接蜡密封保护，也可以用杀菌剂处理后，再用较稠的乳胶或油漆密封。刮下的病枝、病皮、碎屑，同老翘皮一起，带出园外烧毁或深埋。

刮治腐烂病病疤

6.处理剪锯口　对于粗糙的剪锯口，要用锋利的电工刀削平，并及时用伤口保护剂处理，防止树体水分和养分流失，预防病菌入侵。剪锯口处理可以用商品愈合剂（如果康宝愈合剂）、封剪油，也可用液体接蜡。

7.树干涂白　常用于幼树和大树主干（特别是颈部）涂白，防冻、防日灼、灭菌、杀虫。树干涂白可增强反光，减少树干对热量的吸收，缩小温差，使树体免受冻害。作用主要是防止日灼和抽条，其次是消灭病虫害，兼防野兽啃咬。

树干涂白

8.药物防治病虫害 苹果树落叶后，应对幼龄树树盘进行树干基部培土，防止基部根系受冻。还可对树干基部及主枝涂一层生石灰水，使之形成一层保护膜，封闭气孔，预防抽条。进入休眠期后，病菌的抗性减弱，而果树的抗性开始增强，因此休眠期用药很有必要。成龄果园适时喷布 SK 矿物油 150～200 倍液或 40% 氟硅唑乳油 4 000 倍液、25% 丙环唑乳油（农趣）2 000 倍液，可有效防治多种病虫。

9.冬季果园耕翻 在土壤冻土层较浅的地区，掌握冬季果园土壤昼冻夜消时，进行园土耕翻，将越冬害虫及其越冬虫茧、蛹暴露冻死，通过这个方法破坏了害虫的越冬条件，能有效杀死许多害虫。

10.果园冬灌 果树进入冬季休眠期之后，营养成分便开始由树体向根部回流，在秋缺雨、冬少雪的年份，浇好封冻水，能促使基肥腐烂分解，有利于新根生长和根系吸收营养元素在体内进行同化作用；有利于冬春季节花芽的分化发育，保持土壤水分充足，防止越冬旱冻危害，保证翌年开花结果。

封冻水浇得过早，不仅推迟果树进入休眠期，容易将花芽转化为叶芽，影响翌年坐果率，而且还会使土壤板结硬化。浇灌的最佳时间应选地冻、浇水不易在短时间内渗入地下、果树极易出现旱冻

果园冬季灌溉

午消融、无大风的晴朗天气，一般在 12 月份大雪至冬至期间进行。灌水量以灌后水分渗入土壤 50 ～ 100 厘米（根系分布区为 10 ～ 100 厘米）为度，过少时不能满足需要，过多时水分将肥料元素冲洗到无根的区域（100 厘米以下）。既造成肥料浪费，又不节约水、电、人工。在灌水 2 ～ 3 小时后，于树盘外围挖坑，即可看到渗水深度。

（二）整形修剪（密闭园改造）

随着树龄增长，果树的树形大小、树冠上部下部、内膛外围的平衡是不断变化的，所以要相应地进行动态管理。针对一些成龄苹果园，特别是 18 ～ 20 年以上的密闭果园行间交接、结果部位外移、大小年明显、产量低而不稳、病虫害严重等现象，需要进行改造。

果园密闭现象严重

1. 大树移栽　许多果园由于管理不善，出现了还没有挂果就已密闭的现象，而又不知道从哪里下手改造，这里介绍一种简单方法——大树移栽。如果运用得当，不但可以解决果园密闭的问题，而且效益会翻番。

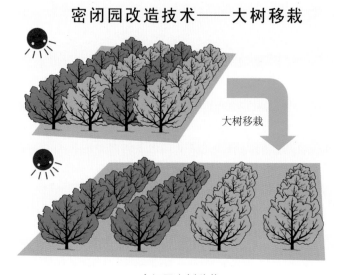

密闭园大树移栽

（1）合理规划　本方法一般来说适合树龄在15年以下，株行距2米×3米（或相近密度）又采用了三大主枝式（主干疏层形）整形方法的密闭园。移栽时可采用间隔1棵移走1棵，变株距为行距，变2米×3米为3米×4米。还有一种办法就是根据果园实际情况，不讲究株行，选择密的地方，将相对较小的、品种不好的树移走。

（2）移栽时间　一般在深秋进行（11～12月），以落叶后至土壤封冻前最好。

（3）新建果园　根据树体大小及树形情况选择2米×4米或3米×5米的株行距定植。保证行距比株距大2米。由2米×3米改造成4米×3米的果园，在管理当中应注意培养扁形树冠，从而保证行间留有1.5米以上的通道。

移栽时，为提高成活率应注意以下几方面的问题：

一是尽量带土。树龄愈大愈要多带土，最好带上土球，如果运输距离较远时，为防止土球散掉，还应用草绳或编织袋包扎，编织袋在定植时要去掉。

二是修剪。枝叶要去掉3/4，可结合果树整形或品种更新进行，将树体骨架一步整理到位，如果需要改换品种，可采用高接换头的方法进行，要多留接头，一棵树可留几十个接头，以便快速恢复树冠。所有剪锯伤口必须进行保护处理，防止水分散失和病菌感染。根系也要进行修剪，剪掉损失较严重的根，剪口呈斜面，以利水分吸收。

三是定植要及时，越快越好，必须当天定植。

四是定植时要坑大土好，有条件的可施入腐熟土粪。

五是水要浇透。栽好踩实后，就要及时浇水，一次性浇透。一般情况下，每10天浇1次水，在浇水困难的地方，浇水后在树坑上覆盖塑料膜，以减少水分挥发。保护根部土壤潮湿。

六是在风大的地方，还要固定树体。新栽的树最怕风摇，风摇影响根系与土壤的密切接触，不利毛细根发生、伸长。栽后可用三角形木棍固定。

2.间伐　间伐也是一种密闭园改造的有效方法，特点是很大程度上改善了树体光照通风条件，技术容易掌握，缺点是损伤太大，没有解决果树个体密闭和不均衡等问题。在实际改造当中，要根据具体情况灵活掌握，能不间伐就不要间伐，能移栽的最好移栽，这样能在改造过程中最大限度地保证经济效益。

间伐方法：根据果园密闭情况，可采取的方法有：隔行间伐，增大行距；隔株间伐，变株距为行距；梅花间伐；不规则间伐等。具体操作可采取隔一伐一或隔二伐一。在间伐时，要灵活掌握，不能生搬硬套。有些人严格采用隔一伐一，结果是把品种好、结果好的健康树给伐了，而把品种劣、腐烂病严重的树给留下了，最终毁园。目前，大部分密闭果园腐烂病都比较严重，有些品种参差不

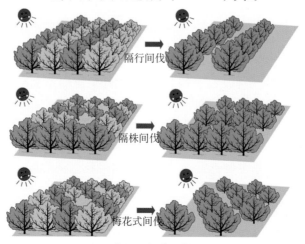

密闭园间伐果树

齐，可以利用这个机会，采用不规则间伐，即哪儿密伐哪儿，尽量把一些品种劣、腐烂病严重的树给伐掉。对于结果比较好、又比较整齐的果树，也不一定非要间伐不可，可以辅助其他改造措施进行。

对于计划间伐的果园，可分年度进行，先将计划间伐的临时株尽量让其结果，树势变弱后逐步回缩缩小树冠，最后再进行间伐，以避免对果园经济效益造成较大影响。

3. 改造树冠　对于株行距相等或相当的密闭果园，在改造时，可将树形改造成扁冠树形，以打开行间。具体做法是：逐步疏除或回缩伸向行间的主枝（大枝），对于株间有空间的果园，可以将伸向行间的大枝、主枝（大枝）拉向株间或斜向株行之间。对于粗大的难以拉开的大枝（主枝），可以采取在侧面连三锯的办法进行，操作方法和连三锯向下拉枝一样。对于一些连三锯仍然无法拉开的粗大枝，可以采取回缩变向的方法进行，就是在适当方向的侧枝前方回缩，让侧枝带头，变向株间。通过几年的改造，使树冠呈扁圆形，行间通畅，留有1米以上的通道。

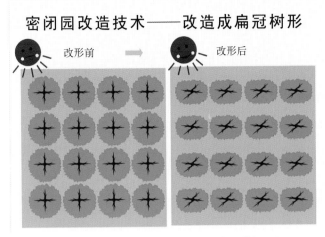

改造成扁形树冠　将主枝拉向株间（俯视图）

4.密闭园瘦身法改造技术　密闭园瘦身法改造技术就是指通过疏枝、回缩、拉枝等手法将原来的大冠树形改造成相对较小树冠树形的方法。常见树形树冠从大到小依次为：主干疏层形、小冠疏层形、纺锤形、高纺锤形、主干形等。每一个树形都可以根据实际情况改造成下一级或更小的树形，以此来和砧穗组合、肥水条件、栽植密度相适宜，从而改变果园密闭问题。

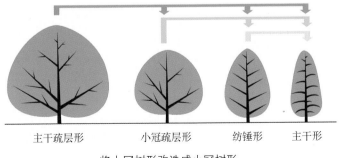

| 主干疏层形 | 小冠疏层形 | 纺锤形 | 主干形 |

将大冠树形改造成小冠树形

高纺锤形

密闭园改造的主要对象是主枝，主枝分布合理了，树形大的骨架结构就合理了，主枝长度适中了，树冠大小就合适了。所以，改造的许多方法都是针对主枝来说的。常见的改造方法有：

（1）疏除　就是将难以改造利用的主枝直接疏除，然后用新的合适的主枝代替，以达到缩小树冠的目的。疏除在生产中主要应用为提干、落头和疏除中部枝条（"开窗子"）。提干就是疏除下部过低主枝，落头则是疏除上部无用主枝，降低树冠高度。疏除中部枝条（"开窗子"）是指疏除一些树冠中上部过多、过密大枝。疏除还包括夹角过大影响树形结构或夹角过小难以改造的主枝。无论哪一类枝，在实际操作中都应注意以下几个方面：

①注意逐年分步进行，一次不要去大枝太多。这样做有两个目的，一是尽量保证果树产量和经济效益不受影响，另一个是尽

量减少对果树的刺激，减少对树势的影响和对根冠平衡的影响，防止树势过旺、过弱或大起大落。实际操作中可以制定一个计划，对要去除的主枝，可先通过强行拉枝开角及综合运用调势促花技术，促使它大量成花结果，待枝条势力弱下来后再进行疏除。还可以先造大伤回缩后疏除。

②注意锯口方向，不要对中干造伤太重，一般采用斜锯留桩的办法进行，不要直上直下地锯，去枝后立即进行伤口保护。

③避免造成对口伤，可采取疏除1个、回缩1个的办法进行，第二年或第三年再疏除回缩的那个枝。

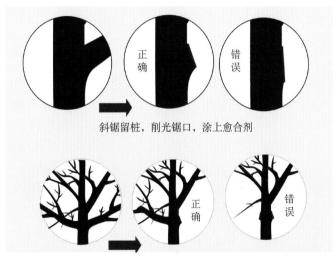

斜锯留桩，削光锯口，涂上愈合剂

避免造成对口伤，可采取疏除1个回缩1个的办法，第二年或第三年再疏除另一个枝

疏枝方法示意图

④分析树势，区别对待。对于上部旺的树，下部大枝暂不去，留作牵制上部，使其来年缓势，等来年出叶、开花、结果后套袋前锯掉。对于上部弱下部旺的树，在总体有所密闭的情况下，首先考虑去掉下部适量大枝，早去比晚去好，以促壮上部。在去枝问题上应坚持上部旺留下部，前部旺留后部，下部旺留上部，外

围旺留内膛的原则，哪里旺，可考虑从哪里疏枝，以解决打开光路及平衡树势为目的。这里应该强调的是：全树旺，原则上不剪，缓势促花，来年使用各种促花措施，甚至环剥，成满树花，待结果后再采用大改形动作。

⑤疏枝时兼顾花芽，保证产量和经济效益不受大的影响。对于大年的树，由于花量很大，可以大胆疏除，对于小年树，先看需要疏除的大枝上的花量，如果该枝上无花则可以疏除，如果该枝上花量较多，则必须保留，待来年再疏除。

⑥抬干高度要合理。抬干即提高主干，打开"底光"。除过低干开心形、中干开心形、高干开心形将主干分别抬高到1米、1.5米、1.8米外，其他树形都要将主干至少抬高到80厘米以上，也可抬高到1米以上。对保留下的主枝，要对上面着生的大侧枝、裙枝和背上大枝组进行改造。

⑦落头一般分2～3年完成。对树势较弱的树，两年完成；对树势强旺的树，3年完成。不要操之过急，防止造成大量冒条。对树势较弱、树冠较小的树，第一年先选一较弱的主枝（或辅养枝）"甩辫"，落头至所需高度的一半；第二年再落头到所需高

错误的落头致使大量冒条，树势紊乱

度，落头完成后最上部的主枝应选留北向枝。第三年再落头到所需高度。落头后，树高应控制在行距的70%左右。对于主干形果树，落头时可采用落头留头的方法，即强头换弱头，大头换小头，通过换头，不要开心。降低树冠高度的同时，不破坏树势上下平衡。

⑧疏除中部枝条（"开窗子"）时注意保持树体均衡，避免偏冠。树冠中上部大枝过多、过密，是目前成龄期苹果树存在的突出问题，应及时进行改造。以疏为主要手段，也就是所谓的"开窗子"。对一般果园，分2～3年进行疏枝，每年疏除2～3个大枝（过密的枝，每年可疏除3～4个），最终保留4～5个主枝。大枝的疏除对象主要是轮生枝、竞争枝、对生枝、重叠枝和主枝上的大侧枝、过大过粗的结果枝组。疏枝时，对乔化树应首先疏除中心干上粗度超过其着生部位1/2的主枝，矮化树上首先疏除粗度超过其着生部位1/3的主枝。疏枝后，使保留的大枝插空分布于树冠中上部，枝量控制在相邻主枝间距在30厘米以上。并保持树体均衡生长，避免形成偏冠现象。

（2）回缩　就是通过回缩主枝或其他大枝达到缩小树冠的目的，回缩时要依照树势、枝势进行，有些果农不看树势、枝势强行回缩，导致前方冒大条，后方难成花，光照进不来，树形乱如麻。

滥用回缩，致使果树满身硬棒枝，不见有效枝，光照未改善，花芽难形成

生产中有两种错误的回缩方法应引起注意。一是甩辫回缩法，就是不先调整枝条势力，直接在枝条的前端找个分杈处，或是原来培养的侧枝处去头回缩。第二种办法是直接回缩，用一个标准去量剩余枝的长度，回缩后非常好看。

正确的回缩方法是先通过各种措施使需要回缩的枝条势力缓和然后再进行回缩，主要方法有：

①通过开张枝条角度达到缓和枝势的目的，然后进行回缩。如果本枝距地面较高（1米左右），下部无枝，每667米^{2}株数在82株以上，可依据本枝势力，在本枝的基部下方造伤开角，最好把角度开成负角度，势力旺可以再低一点，势力弱可以轻一点。开角后的枝开春后综合运用调势促花技术认真处理。通过1～2年的大量结果，枝条势力特别是前端势力弱下来后，再进行回缩，只有这样才能达到缩回的目的，不反弹。

②强头引势回缩法。当粗大的横向枝前部多年生分枝多而乱，后部枝弱或无枝，可在本枝的前端2～4年生枝处把侧面大枝全部去除（如果枝后部无花芽，前部有大量高质量花芽，可先把花枝整枝下垂结1年果，来年再去除），后部侧面有粗大枝，可转枝下垂，让本枝后部背上冒条，本年生长季节或来年处理利用。通过1～2年的枝势调整，然后再回缩。

③分段引势回缩法。对于旺枝或比较强旺的枝条，于发芽前，在基部留2个小枝（无枝可留饱芽）处环割，再在前15～20厘米处同时环割，根据本枝长度可进行几道环割。目的是使中后部萌发枝条减缓前部势力，使回缩处不至于冒大条。

已经强行回缩的枝该怎么办呢？可用三种办法解决。

一是根据回缩的反应势力来解决，回缩处所生粗长枝过多的可少量去除，如果不太旺可一条不去，来年春季刻芽拉枝下垂。二是角度小可以降角度，株行距较小的果园可降为负角度，密度较稀的4米×3米行株距，可不开角或开小角，不需开成负角度，而采用在中后部分道环割，引导生长强势转向基部和后部。三是不管用什么办法解决，都在来年春季对一年生枝旺枝刻芽，虚旺枝分道环割，细小虚弱枝抑顶促萌，在横向枝上未出的芽刻芽。枝上的大枝转枝下垂。

（3）调势促花，以果压冠，以果控冠　对于轻度密闭的果园，以果控冠其实是最为经济的处理办法。该方法主要是通过各种调势促花技术，使果树大量成花，然后适度过量挂果，以果压冠，达到控制树冠的目的。以果压冠有两方面的含义，其一，由于挂果量较多，在重力作用下，主枝角度会适度加大，树冠会进一步开张，而角度的加大会适当抑制枝条的营养生长。树冠得到控制。其二，由于挂果量较多，消耗了大量的营养，用于枝条营养生长的养分就减少了，枝条的长势和树冠就得到控制。

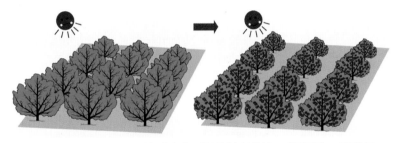

对于轻微密闭的果园，可通过调势促花，使果树大量挂果，以果压冠，以果控冠

以果压冠示意图

这其中需要注意以下几方面的问题，第一，挂果量要适度，太多和太少都不行，太多，会造成树势衰弱，果品质量降低，诱发大小年结果、腐烂病发生等，太少则达不到控冠的目的。第二，不同的树，不同的枝条，要根据势力的不同，分情况对待，对于影响较大的、势力较旺的枝，调势工作要狠一点，留果量要适当多一点；反之则工作轻一点，留果少一点。第三，在需要的情况下，需要配合其他措施。对于个别树或个别枝，单纯一种方法恐难达到目的，这时候就要配合疏枝、回缩等措施。第四，以果压冠是一种非常手段，而不是常态，在树冠得到控制以后，则需要回归到正常管理，避免长期施用使树体衰弱。通过一两年的过量

挂果，树势适度衰弱后，必须在冬剪时进行清理，疏除和回缩一部分衰弱枝，改造过长枝，培养新的长度适宜的健壮枝条。第五，以果压冠、过量结果时期，应加强肥水管理和病虫害防治，避免果树过度消耗形成大小年，避免树势过度削弱造成腐烂病等多种病虫害流行。第六，这项技术的难点在于在以果压冠期间，保证果树连年能过量挂果，所以，在首次过量挂果后到来年开花前，要仔细观察，在关键时期合理运用调势促花措施，加强肥水管理和做好病虫害防治工作，保证下年有充足的花芽。控冠目的达到后，要逐步过渡到正常管理，实现"软着陆"，避免形成大小年。

5.主干形改造技术

（1）扶持中干去掉基部大枝　主干形建造成功的前提是必须有一个强健的中央领导干。因而这种树形改造的主要任务就是扶持中干。而要扶持中干，下部大枝必须去掉。对于一些密闭园来说，下部三大主枝距离地面太低，角度没有拉开，生长过于旺盛，延伸太长，既难以成花结果，又严重影响了光照，既失去了利用

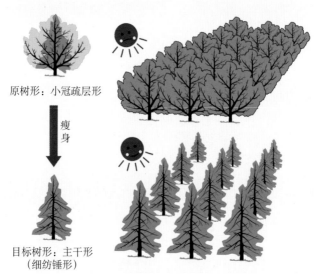

密闭园瘦身法改造图

价值，又难以改造利用，所以必须下决心去掉。去掉大枝，从表面看，好像中干造伤，削弱了树势，但实际上改造去枝，只是动枝不动根，根部贮藏的养分没有变。去掉下部大枝，营养得到集中供应，不但没有削弱树势，反过来可增强树势，中干1年即可复壮，为主干形打下良好的基础。

去掉大枝后，伤口周围会萌发出很多枝条，选择一些位置合理的枝条进行转枝软化，其余过多的疏掉。

如果是中干力量太弱，若全部去除下部大枝后，上部不能接受和分散下部的巨大力量，不能迅速恢复去枝前的枝叶量。不但不会强壮中干，反而削弱了树势。而下部不需要出枝的地方还会萌发大量徒长枝，极大地浪费了营养。根据这种情况，下部大枝不能一次性全去掉，必须在大枝的根部留下稳定的侧枝为临时辅养，待生长1年后，中干较强时再去除到位。

（2）在中干上培养优良的小枝　中干要健壮，下部大枝必须去掉。但这不等于改造树形就是简单地去掉下部大枝。在实际改造中必须根据具体树形来决定改造办法。去掉下部大枝的同时，还必须在中干上促发小枝。一方面，由于去掉了基部大量枝条，果树总枝量减少，为了增加有效枝量和结果部位，在中干空当必须促发大量小枝。另一方面，由于过去三大主枝树形留有1米以上的层间距，而主干形没有层间，为了完成树形的需要，必须在中干空当促发大量小枝。还有一个原因，就是为了缓和树形，分散部分多余营养，去掉下部三大枝后，树势容易返旺而大量冒条，这时候就顺应这一趋势，在需要出枝的部位刻芽，操作得当的话1年内中干变强壮的同时，还会发出许多较为理想的分枝，大体骨架就可基本建成。

（3）综合调控　通过综合调控措施，促使新生小枝尽快成花结果，控制过度延伸。第二年发芽前再在分枝上采取一系列相应措施，对于新长出的枝条，长度达到要求后，就必须进行控制，通过基部转枝、拉枝成负角度、刻芽、分道环割等措施，促使其尽快成花结果。

（4）对剩余大枝拉枝改造 剩余大枝疏除大的分枝，把角度开成负角度，在基部环割，促发牵制枝，根据粗度进行1～3道重刻伤，防止其继续加粗生长。对中干上所有芽（包括弱小枝、隐芽）在上方刻芽，促使萌发新枝。

6. 小冠开心形改造技术 主干疏层形果树树冠高大，留主枝过多出现内膛光秃结果外移等问题，应及时进行开心形改造。同时为避免主枝相互交接，应通过拉低主枝头，以果压冠，后部促发预备枝，逐渐换头的控冠方法。改形不可操之过急，更不能"一步到位"，但也不能"瞄枝不改"。

（1）间伐 对于生长势强的品系，肥水条件好、控冠难的果园，应间伐，改善通风透光，为永久树腾出空间。间伐要有计划。先确定临时树与永久树，并做标记，遵循永久树长到那里，临时树让到那里的原则。临时树的体积和存留时间，由永久树的生长情况决定。既要提高产量、效益，还不能影响永久树，更不能舍不得间伐。

（2）提干 由于下部枝离根系较近，生长旺盛，易造成树冠过大，同时，低位枝光照条件差，产量、质量都差；所以当上部枝成形，有产量后，要逐渐去除作为临时枝的下部枝，提高干的高度。开心形提干后，主要靠松散的下垂状结果枝组实现立体结果。因此，提干高度，由下垂状结果枝组的长度决定，即由肥水条件和管理水平决定。不能盲目、机械、过早地提干，以免扩冠太慢，树势变弱或产量低下。因为下垂状结果枝组的下垂延伸以及结果枝组更新，果台副梢起到了非常重要的作用。果台副梢的抽生能力及延续结果能力，通常可看作是衡量树体负载能力和生长势的重要指标。肥水条件好，管理水平高，果台副梢生长健壮，可连续成花，则下垂状结果枝组能长大、延长，则提干应高。反之，肥水条件差，管理一般的果树，果台副梢弱小，则不可能培养较长的下垂状枝组，则提干应低，以结果枝组果实离地面50厘米高为度。

（3）疏枝 随着枝轴（枝组）体积的增大，出现交叉遮阴、无效枝叶增多时，先要根据大枝的长势和结果能力，及相邻树的枝展情况，选定3～5个永久主枝，看空间大小控或放，其他大枝，作为临时结果枝，在不影响永久主枝的前提下，尽可能利用结果。随着主枝的长大和下垂结果枝组的育成，临时枝逐渐让路，缩小直至疏除。临时枝的体积和存留时间，由永久枝的生长情况决定。既要提高产量、效益，还不能影响永久枝，更不能舍不得疏除。疏大枝的同时，注意增加小枝量，以免造成结果部位不足。结果枝连年缓放，渐成枝组时，视大小和交叉影响程度，可隔一疏一，小型枝组间距20～25厘米，当小型枝组又长成中型枝组，相互影响时，可隔一控制一，中型枝组间距50厘米。同样，当长成大型枝组时，可隔一控制一，大型枝组间隔1米，之间配置中、小型枝组，主枝上的枝组要立体配置，即平生、斜上、斜下。背上和背下只留小型枝组，特别是背上，不可疏光，以防枝干日灼伤。

（4）落头　树头过高，不利于管理，还影响光照，要控制在3米左右。落头太迟、太轻，不利于上部主枝的成形；太早、太重，易刺激上部枝生长过旺，要根据树体的上下平衡，逐渐分2～3次完成。落头时注意留保护桩或牵制枝，防止腐烂和上部生长过旺。

小冠开心形

三、3月份 苹果园管理技术

月份：3月（惊蛰、春分）。

物候期：萌芽显蕾绽叶。

管理要点：刻芽拉枝、巧施追肥、灌水覆膜、防治病虫害等。

春季萌芽前是各种病虫害防治的关键时期。通常，清园搞得好，全年病虫少。果树的萌芽、开花、坐果、春梢及抗寒性等，都与树体营养和树势有很大关系，因此春季还要注意肥水管理。

（一）刻芽促枝，拉枝开角

果树的整形修剪有三大任务：调节光照，调节树势，调节负载。合理的树形和枝条合理的空间分布，是保证良好光照的前提，但仅仅做好这些还远远不够，还需要对树势、枝条势力以及果树负载等方面进行调节。而萌芽前是对枝条势力和负载进行调节的关键时期。

此期主要工作有旺枝刻芽，虚旺枝分道环割，细小虚旺枝（特别是背上）抑顶促萌（15厘米左右），较长的可隔4～5芽转枝。特别旺的枝还可以配合促发牵制枝，对较大的枝可开张角度，引光入内，通过主枝开张角度的大小来控制长势。对背上的大枝适当去除，其余发芽后基部转枝拉下垂固定，要注意摆好枝位，要分散开避免影响光照，背上稳定的小枝不要拉，以免背上光秃，日灼成伤。侧枝要根据枝条的着生位置及生长势，适当调整角度，使斜背上、水平、斜下均匀合理分布，特别是老树、弱树，要注意将生长优势转化为结果优势。

苹果树春季的整枝工作主要是大量增加中、短枝，分散极性，减少冒条，给稳定成花打下基础。想发长枝的刻芽要早、近、深、长，反之，想发短枝的刻芽要晚、远、浅、短。还可用"切腹接"的方法插枝补空。

1.旺枝刻芽　对于旺枝，可在发芽前进行刻芽，时间过早，冬季天冷，刻伤口会散失树体内的水分，且芽体失水受冻，严重者干枯死芽，最理想的时间应为萌芽前7～10天开始。根据枝条强旺的程度决定刻芽的方法。若枝条过于强旺，可采取多刻一些芽，如果必要还可以配合转枝、拉枝等其他措施，除枝条梢部瘦弱的芽和基部不需要出枝的部位不刻外，其余的芽全部刻。由于芽的异质性，刻芽时注意分清下面两种情况：枝条直立时，每个芽的情况相当，全部采用芽前刻方法；而当枝条横向生长时，由于背上和背下芽子的差异较大，背上的芽子容易萌发，背下的芽子不易萌发，所以刻芽时采用背下背侧芽芽前刻，背上芽芽后刻或不刻。这样处理以后，由于刻芽使该枝条上大部分芽子萌发，分流了养分，从而控制了枝条的旺长。如果方法得当，力度拿捏准确，刻出来的芽子往往能长成叶丛枝而形成顶花芽。另一种情况，如果枝条只是一般的旺长，而不是过于强旺，就可以采取间隔几个芽刻一个芽的方法进行。

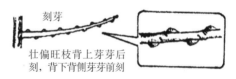

刻芽

壮偏旺枝背上芽芽后刻，背下背侧芽芽前刻

旺枝刻芽

在具体枝条上，要求对旺条上的饱满芽刻芽，实际上每个枝只有中部芽体饱满，基部和梢部都是弱芽，有枝条后部为春生旺条芽饱满，这样只能在春生旺条的饱满芽上刻芽，对于不饱满的秋生虚旺条每隔5～6个芽进行分道环割，若为细长虚旺条分道转枝。旺枝上的饱满

刻　芽

刻芽后形成优良短枝

芽刻芽是均匀分散营养,虚旺条分道环割是分段集中营养,其共同目的都是促发有效壮枝。

2. **细小虚旺枝抑顶促萌** 抑顶促萌就是在萌芽前对一些生长不充实的细小虚旺枝掰掉顶芽,抑制顶芽继续延伸生长,促使第二、第三、第四芽形成花芽的一项技术措施,抑顶促萌控制了顶端生长,增加了本枝积累,有利于培养壮枝及形成花芽。时间在发芽前,工作对象是不充实、积累差的枝条。一些枝条抑顶促萌的同时配合转枝、拉枝等措施效果更好。具体操作方法是:5~15厘米长的枝掰掉顶芽,15厘米以上的枝掰掉顶芽后,隔5~6芽再转一下枝,较粗的枝条可进行分道环割。寒冷地区怕冻伤,枝条可在刚发芽前进行。此项工作是解决虚旺树不易成花的最有效的手段,而且效果非常理想,一次工作可长期受益。

对于大于15厘米的细小虚旺枝,除掰掉顶芽外,每隔5~6个芽进行转枝。

虚弱小枝不掰顶芽的生长情况

虚弱小枝掰掉顶芽的生长情况

 →

抑顶促萌

抑顶促萌

抑顶促萌的效果

3.**虚旺枝分道环割**　对于芽质不饱满的虚旺枝，通过刻芽很难萌发出枝条，可以通过分道环割的办法进行，使该枝条分段积累营养以形成花芽。环割时，应每隔5～6个芽（大约15厘米）环割1道，位置在背上芽芽后，侧下芽芽前。环割可以把5～6个芽段的营养集中供应环割口后部1～2个芽，使之由弱变强。分道环割后，一般情况会在第一次停长前长出两三个短枝。此时若枝条势力强弱不匀，可在强弱交接处再环割。

分道环割后枝条生长情况

分道环割后萌发新枝

4.特别旺的枝促发牵制枝 所谓促发牵制枝就是利用一条旺枝上的过度营养在基部自然地或人为地促生适量的枝条，分解前部的势力，从而达到被牵制枝条稳定成花的目的。

对于特别旺的枝条，单纯的刻芽还很难控制生长，这就需要在刻芽的同时促发牵制枝。具体方法为，在该枝条基部留2～3芽后进行环割，促使割口后面萌发出1～2个枝条，通过该枝条的生长，达到牵制本枝的旺长，达到平衡稳定成花结果的目的。

（1）促发牵制枝的目的 分散极性，缓和枝势；有利被牵制枝的积累转化，平衡稳定树势。

（2）牵制枝促发的条件 必须是特别旺的枝、粗壮的旺枝，这样的枝光刻芽难以控制，还要变向、下垂。坚决不能在虚旺枝上进行牵制。

（3）牵制枝促发的方法 弯弓射箭法，但必须在基部进行。另一种办法是在基部留两三个芽环割1圈，割时要掌握力度，枝细力度要小，枝粗力度要大。由于受外界因素的影响，有的牵制枝力度不够，不能形成顶花芽，这都不要紧，下一年可继续促发；对于环割1次，伤口愈合快的，可再促发第二次，若能形成短枝完全停长，就不要再进行。促发牵制枝的数量，要依情况而定，以能解决被牵制枝的问题为最好，不需要的就

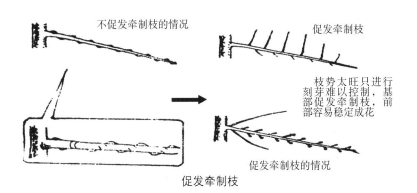

不促发牵制枝的情况

促发牵制枝

枝势太旺只进行刻芽难以控制，基部促发牵制枝，前部容易稳定成花

促发牵制枝的情况

促发牵制枝

不要促发牵制枝，没有位置的1个也可以，若枝势过旺，可多促发几个。对于1个枝而言，背上旺，多留下部枝，前后旺，留中间。

（4）牵制枝促发的时间　应在每次营养生长前，具体讲就是发芽前，生长季节二次、三次生长之前。在高海拔区应晚一点（可避免发生冻害），温度高的早一点。

5. 拉枝　拉枝时要抓住树液流动、枝条柔软、开花坐果前，易于拉枝的关键时间，及时正确拉枝。通过调整枝条的夹角和方位角，不但能改善通风透光条件，提高萌芽率，促进成花，还能达到控冠的目的。

对较大的枝开张角度，引光入内。通过主枝开张的角度大小来控制长势，对枝上的大枝适当去除，其余发芽后基部转枝拉下垂固定，要注意摆好枝位，要分散开避免影响光照，背上稳定的小枝不要拉，以免造成背上光秃，避免日灼，侧面过多的挡光枝要拉下垂。

对于一些枝条，在拉枝时配合转枝效果更好。对于主枝，视生长势和伸长空间，决定拉枝角度。生长较弱或尚需延长的主枝，适当抬高梢角，短截延长头，促进生长。而长势较旺或已无伸长空间的，应将主枝头拉下垂，使其结果的同时，积极在后部背上，培养预备枝，待其成花后，逐步回缩原头，控制树冠。

侧枝要根据枝条的着生位置及生长势，适当调整角度，使斜背上、水平、斜下均匀合理分布，特别是老、弱树，要注意将生长优势转化为结果优势。

纺锤形的小主枝，视砧穗组合、株行距及肥水条件，拉至90°～110°。

拉枝一定要平顺。要一推、二揉、三压、四定位，并加强背上枝、芽的管理。

苹果树春季的整枝工作主要是大量的增加短枝，分散极性，减少冒条，给稳定成花打下基础。

拉枝前

拉枝后

（二）高接换种

结合改形，采取劈接、皮下接（靠接）、舌接、带木质芽接等方法高接换种或嫁接授粉品种，优化品种结构。

高接换种

（三）花前复剪，减少消耗

对于花量过大、树势偏弱以及大年的果树，不但冬季要精细修剪，还要进行花前复剪。在能分清花芽和叶芽时，回缩串花枝和过长、过弱结果枝（组），疏除过弱结果枝，适当短截部分顶花芽，使花枝率保持30%。提前去除部分花芽以节省养分，既能生产大果，还能以花换花，克服大小年。在这种情况下，如果不进行串花枝回缩，则花芽过多。花芽消耗了大量的养分，果台副梢难以萌发，果树难以长出足够的叶片供应果实，果个往往偏小，商品率低，经济效益差。

另一种情况，在肥水条件较好、树势健壮的情况下，一般不宜进行串花枝回缩，串花枝势力较强时，回缩后，反而刺激了果台副梢和本枝的旺盛生长，消耗了更多的养分，不利于果实生长，也不利于枝条稳定成花，容易形成大小年。

（四）病虫害防治

1. 检查、刮治腐烂病疤　用40％氟硅唑乳油400倍液或3％甲基硫菌灵（韩孚清园）50倍液＋浸透100倍液涂抹，隔10～15天，再涂1～2次。

2. 春季清园喷药　萌芽、显蕾期可选喷3～4波美度石硫合剂或萌芽期用SK矿物油200倍液（或40％戊唑醇、氟硅唑乳油4 000倍液）喷雾。

3. 金龟子为害严重的果园，在芽萌动期前，利用雨后或灌溉后地表湿润条件，全园及时喷布20％甲氰菊酯乳油（阿托力）2 500倍液处理1次地面，尤其是果园有农家肥堆或水渠附近更要细致。枣尺蠖、象鼻虫等连年为害较重的果园，可人工捕捉，也可在树干涂药环，或包扎塑料纸，阻隔害虫上树为害。

4. 连年白粉病发生严重的果园，结合抑顶促萌，对叶芽和过多的花芽及时处理，降低越冬的菌源，减轻病害的发生程度。

苹小卷叶蛾

球坚蚧

5.易发生霜冻的地区，此期应选喷芸薹素内酯（硕丰481）8 000倍液＋翠康苗壮1 000倍液或正业钾钙硼锌1 000倍液。

（五）土肥水管理

上年秋季未施基肥的果园，于土壤解冻后，尽早施入，必须于萌芽前结束。有条件的施后立即浇水，并用秸秆或薄膜覆盖。

1.**起垄覆膜** 春季顶凌覆膜在土壤5厘米厚的表土解冻后立即进行。果园行间覆盖黑色地膜，可有效地提高土壤温度，保持果园土壤水分，还能改善土壤物理性状，增加土壤团粒结构，增强土壤保肥和供肥能力，提高化肥利用率。苹果园覆盖黑色地膜，每667米^{2}投资100元左右。据甘肃平凉的调研资料显示，覆盖黑色地膜的苹果园，每667米^{2}增产15%，最高在20%左右，果实的商品率也大幅度提高。1～3年生幼树，追肥后用地膜顺树行或沿树两边通行覆盖树盘。

覆膜时要选择黑色地膜，地膜厚度0.012毫米以上，质地均匀，膜面光亮，揉弹性强。选择黑色地膜的原因：一是抑制杂草、延长地膜使用期，二是土温变幅小，三是对萌芽开花物候期没有影响。覆盖白色地膜，可使开花期明显提前，膜下杂草丛生，地膜容易穿孔而降低使用期。地膜的宽度应是树冠最大枝展的70%～80%，因苹果树的吸收根系主要集中的此区域内，膜面集流的雨水应蓄藏在此区域。新植的2～3年幼树地膜宽度要求

0.9 ~ 1米，并且单面覆膜，树干在膜面的中央，垄面两边膜宽各45 ~ 50厘米；4年以上的初果期树根据树冠大小选择1 ~ 1.2米的地膜，在树盘垄面两边双面覆膜；盛果期树根据树冠大小选择1.4 ~ 1.5米的地膜，在覆膜前，首先沿行向树盘起垄。垄面以树干为中线，中间高，两边低，形成梯形，垄面高差10 ~ 15厘米为宜。起垄时，先用测绳在树盘两侧拉两道直线，与树干的距离小于地膜宽度5厘米，然后将测绳外侧集雨沟内和行间的土壤细碎后按要求坡度起垄，树干周围3 ~ 5厘米处不埋土。垄面起好后，用铁锨细碎土块、平整垄面、拍实土壤，经过3 ~ 5天时间待垄面土壤沉实后，再作精细修复，即可覆膜。覆膜时，树盘两侧同时进行为好，要求把地膜拉紧、拉直、无皱褶、紧贴垄面；垄中央两侧地膜边缘以衔接为度，用细土压实；垄两侧地膜边缘埋入土中约5厘米。树盘垄面两边双向覆膜。

地膜覆好后，在垄面两侧距离地膜边缘3厘米处沿行向开挖修整深、宽30厘米的集雨沟，要求沟底平直，便于雨水分布均匀。

开挖集雨沟

园内地势不平、集雨沟较长时，可每隔2～3株间距在集雨沟内修一横挡。为了提高集雨效果，减少土壤蒸发，在集雨沟内覆盖麦草或玉米秆等作物秸秆，玉米秆若不细碎应顺向覆盖沟内，覆盖厚度以高出地面10厘米为好。草源或秸秆丰富的地方，最好是整个空白树行全部用草或秸秆覆盖，厚度达到15厘米为宜，保墒效果更加突出。

2. 追肥

（1）追肥的时间和施肥量　此期果树的一切生命活动的能源和新生器官的建造，主要依靠上年贮藏营养，贮藏养分的多少，不但关系到早春萌芽、展叶、开花、授粉坐果和新梢生长，而且影响后期果树生长发育和同化产物的合成积累。

春季是果树多器官建造期，
对营养需求尤其是氮素营养需求特别迫切

春季是果树多器官建造期，对营养需求特别是氮素营养需求特别迫切。

春季追肥约在3月下旬至4月初进行。这次肥主要满足萌芽开花、坐果及新梢生长对养分的需要，以促进开花坐果、新梢速长和功能叶片快速形成。一般来说，每生产50千克果追施纯氮0.15～0.2千克。实际生产当中可根据树龄、树势，采取浅放射沟或者树盘撒施的方法施入。对低肥力田块可采用方案1：40%多酶金复合肥60～80千克＋56%花果多土壤调理剂50～70千克＋诺邦地龙生物有机肥40～80千克＋多酶金尿素15～20千克＋持力硼500～1 000克。对于中等肥力田块可采用方案2：40%田生金果树肥60～80千克＋56%花果多土壤调理剂50～75千克＋诺邦地龙生物有机肥40～80千克＋多酶金尿素15～20千克＋持力硼500～1 000克。同时浇水、保墒。

萌芽前也可采用氨基酸涂干可以有效补充营养。针对小叶病树，可结合施基肥根施硫酸锌每株0.5～1千克，萌芽前喷3%硫酸锌加0.5%～1%尿素液，当年见效。

（2）简易肥水一体化技术　简易肥水一体化施肥就是利用果园喷药的机械装置，包括配药罐、药泵、三轮车、管子等，将

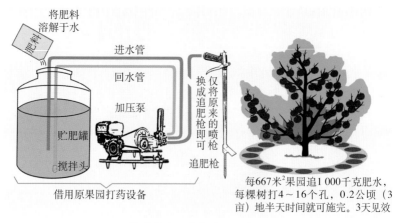

简易肥水一体化追肥示意图

原喷枪换成追肥枪。再将要施入的化肥、水溶性有机肥、微量元素肥等按一定的配方溶解于水中，用药泵加压后用追肥枪追入果树根系集中分布层，根据果树大小，每棵树打4～16个追肥孔，每棵树追施肥水4～15千克。追肥位置在树冠投影外沿，深度20～30厘米。

追肥时应注意，一是对于树势偏弱、腐烂病、轮纹病、溃疡性干腐病（冒油点）以及挂果量大的果园，可在这个时期连续追肥2次，间隔半个月。二是对于连年施农家肥的果园，由于地下害虫较多，可以在肥水中加入杀虫剂；对于根腐病严重的果园，可在肥水中加入杀菌剂。

四、*4月份* 苹果园管理技术

月份：4月（清明、谷雨）。

物候期：显蕾、花序分离、开花、新梢旺长、坐果。

管理要点：花前复剪、花期防冻、促进坐果、合理留果和病虫害防治等。

此时温度开始升高，树液流动加快，树体开始生长，花序分离、开花、坐果及春梢开始生长。腐烂病病疤随树液流动扩展加快，白粉病、锈病显现，大量越冬害虫陆续出蛰。特别是花期所消耗的养分主要是利用树体上年秋季的储备营养，为了减少消耗，促进坐果，要在已能确认花芽时进行细致的花前复剪。所以，本月的管理重点是：花前复剪、花期授粉、提高坐果和防治病虫害等。

（一）花前复剪

（1）抹芽　即抹除背上、剪锯口等不需要成枝处的萌芽，减少树体养分的无效消耗。花芽萌动后（能够认准花芽时为准），及时疏除树体上多余的弱果枝，缩剪细长串花枝，破除部分中长果枝花芽，保持花芽与叶芽比为1∶（4～5）的适宜比例。

（2）控前促后　花量少的树，对于处在生产优势部位的旺枝（无花或花而无果），应轻剪已萌发的前端一少部分，控制顶端伸长，缓和生长势，刺激侧芽萌发成枝，促进成花。

对于萌芽力高，成枝力低的品种（如短枝型），为了促发长枝，培养结果枝组，以提高产量和保持健壮树势，应适当短截，抑顶促侧。

（3）及时疏花（蕾）　按1∶（3～4）花叶枝比或16～20厘米选留一健壮花序间距疏蕾，花序分离期至开花前再保留中心花和1～2个发育好的侧花，将多余的侧花和腋花序全部疏除。

疏 蕾

（二）花期管理

采取提前树盘灌水、树干涂白、树冠喷布1%石灰水、树盘覆盖有机物等，推迟果树花期，避开晚霜。

预防晚霜冻。根据当地天气预报，降温当晚12时前后在果园四周或行间堆燃树叶、麦糠等，熏烟增温化霜防冻。

霜冻、沙尘暴等发生后，暂停疏花序（蕾），喷8 000倍液的硕丰481水溶液，间隔7～10天，连喷两次，有促进受损细胞修复的功能，可明显减轻冻害，提高坐果率。

大力推广花期释放凹唇壁蜂、角额壁蜂、蜜蜂、豆小蜂等，利用昆虫传粉受精。开花前，每0.3公顷（4.5亩）果园放置一箱蜜蜂，利用昆虫授粉。角额壁蜂耐寒性好，活动温度比蜜蜂低，访花传粉能力强，每头壁蜂日访花数可达4 000朵以上，每667米^{2}放蜂量100头左右即可。

蜜蜂授粉

释放壁蜂授粉

人工授粉：

①采集花粉的要求：一是采集与主栽品种亲和力强的品种的花粉，二是混合花粉，三是采集含苞待放的铃铛花的花粉，四是花粉晾干后要妥善保管，五是花粉高效授粉期授粉。

②人工授粉方法：一是人工点授，即用带橡皮头的铅笔或毛笔等授粉器，蘸上花粉轻轻向初开放的花朵柱头一点即可；二是花粉袋撒粉，就是将花粉混合50倍的滑石粉填充剂，装入两层的纱布袋中，绑在竹竿上头，在树冠上方轻轻摇动花粉袋，使花粉均匀撒落在花朵柱头上；三是液体授粉，即1千克水加入2克花粉（将花粉研细过筛，除去杂质），100克糖，4克硼砂配制成花粉水悬液，细雾均匀喷洒于花朵柱头上。

③人工授粉的时间和次数：据试验，以花朵开放的当天授粉坐果率最高。由于苹果花朵常分批开放，特别是在花期气温较低时，花期往往拖延很长，因此应分期授粉，开一批授一批，一般连授2～3次效果理想。

花期喷肥：花期喷洒1～2次微量元素水溶肥料（斯德考普）6 000倍液，1～2次翠康金朋液1 000倍液，对提高坐果有明显促进作用。

预防花期自然灾害：花期轻微受冻后，及时喷6 000～8 000倍液硕丰481＋翠康苗壮800倍液，有利于提高坐果率。

对个别旺树、旺枝，进行环切，也可提高坐果率。面积大、劳力少的果园，可试用石硫合剂疏花。

中心花受冻后雌、雄蕊变黑

雄蕊虽没冻坏，但雌蕊和子房已被冻黑

苹果受冻形成霜环病

（三）病虫害防治

防治对象：病害主要有霉心病、白粉病、锈病、褐斑病、炭疽病、轮纹病、斑点落叶病等，虫害主要有卷叶蛾、潜叶蛾、蚜虫、叶螨、梨星毛虫等。

苹小卷叶蛾老熟幼虫

花腐病

　　悬挂诱虫灯或糖醋液诱杀金龟子等害虫。对于花期的金龟子较少时，可以人工捕捉处理。检查害虫性信息素诱捕装置和诱虫板等，必要时更换易损材料。

悬挂诱虫灯或糖醋液诱杀害虫

梨星毛虫幼虫

防治腐烂病的措施——桥接，及时刮治腐烂病斑，并于4月中、下旬，桥接较大锯口伤疤和腐烂病疤，桥接主干腐烂严重的树，促进养分输送，恢复树势，延长树体寿命。

花序分离期，全园喷40%氟硅唑4 000倍液或40%腈菌唑乳油6 000倍液＋1.8%阿维菌素3 000倍液，防治霉心病、白粉病、锈病等，以及叶螨、蚜虫、卷叶蛾、潜叶蛾、金龟子等。

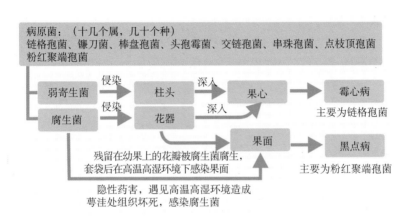

霉心病与套袋苹果黑点病侵染示意图

苹果霉心病

花期用药防治苹果霉心病

霉心病严重的果园还应在花期用药，苹果盛花初期是防治苹果霉心病的最佳时期，根据天气情况喷施药剂防治。若天气正常，没有降雨，可在苹果盛花期喷施1次络合代森锰锌600～800倍液或70%甲基硫菌灵（丽致）可湿性粉剂1 000倍液，若前期有降雨或阴天可选用70%甲基硫菌灵（丽致）1 000倍液，或3%多抗霉素600倍液、80%绿大生600～800倍液，发病严重的果园在谢花后再喷施1次。在喷药时加入翠康金朋液1 000～1 500倍液，防治效果较好。

落花后，全园喷43%戊唑醇5 000倍液＋2.5%高效氯氟氰菊酯2 000倍液或20%吡虫啉4 000倍液＋翠康钙宝1 000～1 500倍液，以防治白粉病、霉心病、锈病、褐斑病、炭疽病、轮纹病、斑点落叶病等，以及卷叶蛾、潜叶蛾、蚜虫等。

腐烂病较重的果园，用40%氟硅唑乳油400倍液处理病斑。

（四）生草覆盖

第一场透雨前，于树行间开浅沟播种绿肥，旱地以红三叶草（抗寒性较强）为宜，水浇地以白三叶草、美国黑麦草为主，最好三叶草与禾本科绿肥混种。同时，树盘覆盖有机物或黑色地膜。

五、**5月份** 苹果园管理技术

月份：5月（立夏、小满）。

物候期：幼果发育、新梢旺长。

管理要点：疏果定果、夏季修剪、补钙防病、病虫害防治、果园种草、覆草保墒、选择果袋等。

5月份是苹果园花后管理、幼果生长和新梢旺长时期。既是疏果定果和夏剪的关键时期，也是病虫害防治的重要时期，本月的管理要点是：疏果定果、夏季修剪、补钙防病、防治病虫、果园种草、覆草保墒和选择果袋等。

（一）疏果定果

依据目标产量法进行留果，优质果园每667米^{2}产量2 000 ~ 3 000千克，留果1万 ~ 1.5万个，按每15 ~ 20厘米间距疏留。实际操作中，依据品种、树势、枝势等因素应用。一般按照大型果每50 ~ 60个叶片留1个果，中型果每40 ~ 50个叶片留1个果。富士等大型667米^{2}留果12 000 ~ 15 000个，嘎拉等中小型果667米^{2}留果15 000 ~ 18 000个。

幼果太多，需要疏果

人工疏果

根据单株需挂果数量，统筹安排每个主枝需挂果数量，做到健壮的主枝多结果、弱的主枝少结果或不结果

确定一个主枝需挂果100个

确定单株需挂果400个，统筹安排，每个主枝（三大主枝和头部）需挂果100个

对于每个主枝，优先确定优势部位挂果，疏除多余的果子

优先安排优势部位挂果，疏除多余果

目标产量法疏花疏果示意图

早疏果节约营养是增大果个的一项技术措施，严格疏果留出预备枝成花是连年丰产的关键。疏果定果应从落花后1周左右开始，花后4周内结束。具体到每一个果，应坚持以下原则：

①选留中心果、果形端正的果；疏除边果、小果。

②留大果，疏小果，幼果大小与果实最终大小的相关性很高，幼果之间大小差一点，到成熟采收时就差很多。所以留大去小是第一原则。

③果台副梢强壮的果留，弱小的疏，对富士、秦冠等多数品种而言，果台副梢强壮必是大果，反之是小果。

④留下垂果，疏朝天果；留形正果，疏畸形果，以及果柄过长过短的果、腋花芽果。

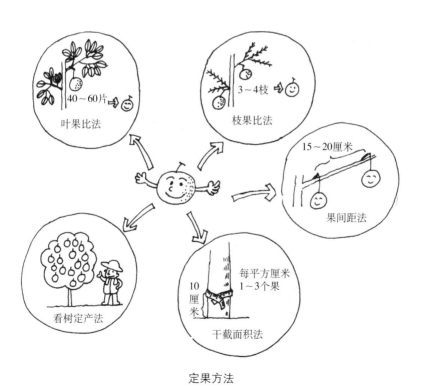

定果方法

⑤对霜冻果、病虫果、萎缩果、表面受污染或损伤的幼果应及早疏除。

药剂污染果面的幼果　　　　　　　绿盲蝽为害的幼果

（二）夏季修剪

除对分枝角度小的果园继续进行强拉枝开张角度外，还要综合运用摘心、扭梢、环切、抹芽、清除无用枝等夏剪措施，以减少养分的无效消耗。

5月中下旬，对未拉枝的、或拉枝不到位的初果期树骨干大枝按照不同树形的要求，拉至80°～105°。

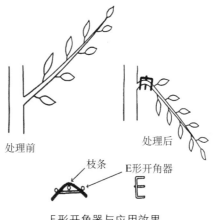

处理前　　　　　　　处理后

枝条　E形开角器

E形开角器与应用效果

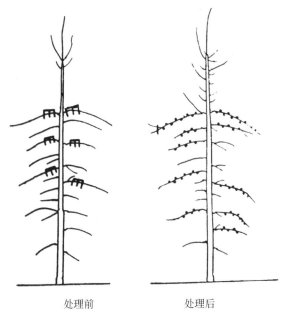

处理前　　　　　　　　处理后

E形开角器与应用效果

拉　枝

幼龄树拉枝

初结果树，对新梢适时轻摘心处理，即摘取新梢顶端1厘米左右，有利于形成中短枝和促进成花。初结果树，对背上生长较直立的新梢从基部扭梢处理，有利于成花、缓和树势。对过旺枝适当环切（环割）促花处理，以花缓势，以果压冠。继续疏除剪口下、主枝背上过多的新梢，以及内膛影响光照的新梢。

（三）病虫害防治

病害主要有白粉病、锈病、褐斑病、炭疽病、轮纹病、斑点落叶病等，虫害主要有卷叶蛾、潜叶蛾、蚜虫、苹果绵蚜、红蜘蛛等。

树干流黑水（苹果枝干轮纹病，又名溃疡性干腐病）

轮纹病病果

锈病后期

果实感染锈病

斑点病后期症状

炭疽病后期症状

生理性黄叶

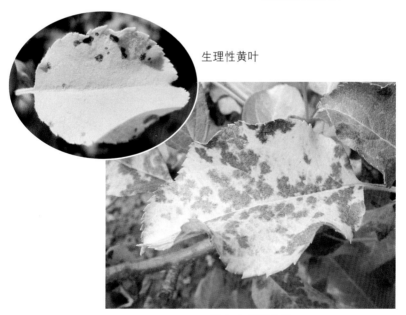

褐斑病后期症状

绿盲蝽为害

草履蚧雌成虫

金纹细蛾幼虫

　　幼果期是补钙的关键时期，富士和中早熟苹果此期补硼也有良好的效果。防治上，除人工剪除白粉病梢，集中深埋或带出园外销毁外，还应注意视病虫害发生程度，悬挂黄色粘虫板和害虫诱捕器，检查太阳能黑光灯设备等，通过物理措施控制害虫。必要时，进行化学防治。从花后5～7天开始，视天气情况每10～15天喷药1次，连喷2～3次。喷药方案可选择：

　　（1）70%丙森锌可湿性粉剂600倍液＋2.5%高效氯氟氰菊酯2 000倍液＋翠康钙宝或1 500倍液＋翠康金朋液1 500倍液。

　　（2）70%甲基硫菌灵（丽致）800倍液＋20%吡虫啉3 000～4 000倍液＋翠康钙宝1 500倍液＋翠康金朋液1 500倍液。

　　（3）43%戊唑醇悬浮剂5 000～6 000倍液＋3.2%阿维菌素水乳剂4 000倍液＋翠康钙宝1 500倍液＋翠康金朋液1 500倍液。

　　上述方案交替使用，效果更好。继续抓紧时间进行高接换种和腐烂病疤的桥接工作，力争在5月上旬结束，以免影响当年的生长量。

　　幼果期受冻的补救措施：全园喷布1～2次6 000～8 000倍硕丰481＋1 000倍翠康金朋混合液。

（四）果园种草覆草保墒

降雨后立即按照株间清耕覆盖，行间种草的土壤管理制度及时抢墒种草，以三叶草为主，每667米²播种量0.1～0.25千克，条播或撒播，播种深度1～2厘米。旱地选种绿豆、黑豆、黄豆等，水浇地选用毛苕子、豌豆等豆科绿肥。利用秸秆、麦草（糠）等覆盖树盘。

果园种草保墒

（五）科学选择果袋

提倡使用优质果袋，首先要选择规模大、守信用的纸袋厂家；其次要注意纸袋的规格，过大过小均非所宜，像宽度为15厘米、高度19.5～20厘米的纸袋就能套出85～90毫米的苹果；第三要选择纸袋的质量，应有注册商标，做工要精细，通气孔要适度，内袋蜡质好，涂蜡均匀，抗水性强，外袋遮光性好，纸质柔软透气，抗风耐雨，袋底胶合好，扎丝牢固；第四要选择优质双层纸袋，只有双层优质纸袋才能生产出优质高档苹果。

六、6月份苹果园管理技术

月份：6月（芒种、夏至）。

物候期：新梢封顶、幼果发育、花芽分化。

管理要点：果实套袋、夏季修剪、补钙防病、及时追肥、行间覆草、病虫害防治。

（一）果实套袋

为了生产优质高档果品，最好使用质量稳定的高档双层纸袋。有条件的果园浇水后套袋更好。适时套袋：一般在谢花后30～45天开始，半月内结束。要选择晴天9～17时进行，不要在中午高温（30℃以上）和早晨有露水、阴雨天进行。要保证果袋撑圆，果实悬空，袋角透气孔张开，扎紧袋口。

套袋步骤
1.撑开袋子　2.套袋　3.折叠袋口　4.绑口

套袋的时间因不同地区、不同苹果品种而不同。套袋过早，幼果太小，容易发生落果和日灼，加上果形判断不准，影响后期商品率。套袋过晚，果实皮孔易大，表面粗糙，苹果褪绿不彻底，底色发绿，

套袋苹果日灼

摘袋后上色慢，影响后期色泽。除易生锈品种外，早熟和中熟品种宜在落花后约30天，晚熟品种宜在落花后45天左右进行果实套袋。对于红色品种富士苹果套袋一般在生理落果（5月下旬）之后进行，即从落花后45天左右开始，2周内完成，在6月上旬开始，最迟于7月初套完。因为6月落果已经结束，果实优劣表现明显，果柄木质化程度和果皮老化程度增高，不容易伤果实。套袋时，应选择晴好天气9～17时进行。早晨露水未干时不能套袋，否则容易形成水锈或在萼洼处产生黑色斑点。套袋应尽量避开温度最高的时段（气温30℃以上）和阳光直射的方位。套袋前喷药一定要慎重，此期用药直接影响将来果实的商品率。

套袋前用药一定要注意安全高效

套袋喷药既要杀菌、杀虫效果好，又要对果面刺激性小，建议选用先进剂型的悬浮剂、胶悬剂、水剂，以及水分散粒剂、可分散粒剂、干悬浮剂、水乳剂、优质可湿性粉剂的杀虫杀菌剂。

尽量不用有机磷杀虫剂，不用铜制剂，不用复方甲基硫菌灵、代森锰锌、多菌灵等含硫黄成分的杀虫杀菌剂，不用乳油制剂等。

幼果期慎用硫酸亚铁、硫酸铜，幼果期慎用硫酸锌、劣质磷酸二氢钾、磷酸二氢钾铵（有些含有刺激性的碳酸氢铵），以免刺激果面，造成隐形肥害。

慎喷对果面有腐蚀作用的劣质渗透剂和增效剂，这类药剂多采用玻璃瓶包装，应引起注意。

（二）肥水管理

近年来，随着树龄的增大、一些果园留果量过多以及管理不善等多种原因，许多果园树势偏弱，加之近年大小结果现象突出，6月追肥就显得特别重要。此期追肥应以速效肥为主，突出钾肥和氮肥，辅助磷肥，要抓紧花芽分化的关键时期尽快进行。目的是充实顶芽，提高明年花芽质量。

叶面喷肥：以促进花芽分化和幼果发育为目的，全树喷施1～2次微量元素水溶肥料（斯德考普）或2～3次翠康金钾1 000～1 500倍液或翠康钙宝1 000～1 500倍液。幼果期，细胞分裂和果皮形成需要大量的硼（缺硼直接导致果皮粗糙，严重缺硼时导致缩果病，补硼能促进钙吸收），对于中早熟品种或缺硼的富士等晚熟品种，此期还可加喷翠康金朋液1 500～2 000倍液等，补充营养、促进花芽分化、减轻苦痘病、痘斑病和缩果病等生理性病害。

苹果苦痘病

缺钙引起的痘斑病

因缺钙贮藏中产生的生理病害

幼果期用药不当形成药害　　　　梨圆蚧为害套袋苹果

地下追肥：6月是花芽开始生理分化的关键时期，此时追施氮肥和钾肥十分重要。施肥以速效氮肥和速效钾肥为主，适当施用磷肥一般选用硝硫基复合肥为宜，如每667米²追施40%硝硫基复合肥（15－5－20）50～60千克＋聚离子生态钾肥10～15千克，对树势较弱的果园可在此基础上增加46.2%多酶金尿素15～25千克。但幼旺树则应减少氮肥用量和灌水量，使土壤水分控制在田间最大排水量的60%左右，以促进花芽形成。

（三）果园覆草

秸秆覆盖在果园土壤表面，能减轻阳光照射强度，夏季降低地温，减少地面水分蒸发。秸秆腐烂后能明显提高土壤有机质和养分含量，有利于改善土壤理化性状和团粒结构的形成，促进了根系对土壤肥水的吸收和利用。秸秆覆盖后形成的较好的水分、温度条件，改善了果树的生长环境及果园小气候，促进了果树地下与地上部分的生长发育，从而提高了果品产量和质量。成龄果园可全园覆草，幼龄果园或草源不足时可覆盖树盘。覆草可用麦秸、碎玉米秸、绿肥作物、杂草等。注意先中耕浅锄，耙平地面，顺行筑畦或方形树盘，然后盖。两果园地面覆草行间留出50厘米作业道，近树干处留出20厘米间距，以防根颈积水、缺氧。覆草厚度15～20厘米，每667米²2 500～3 000千克。为了防止风吹覆草，可从行间取少量土散压在覆草上。覆草后勿灌大水，并注意雨季排涝。平地果园，特别是黏土果园覆草应与起垄排水相结合。实行果园覆草后不用每年翻刨，只需每年麦后加盖1层草，约为初次量的1/3。

（四）夏季修剪

6月份是花芽分化关键的时期，为确保当年形成足够的花量，达到稳产、高产的目的。6月是苹果树夏季修剪的重要时期，主要目标是旺树控制营养生长，促进花芽分化，改善光照。要及时综合运用扭梢、摘心、拿枝、环切、拉枝、疏枝等夏剪措施，及时调节树体生长，缓势促花。幼树和生长偏旺的树应用生长延缓剂或生长抑制剂，可控制旺长，促进花芽形成。常用的生长调节剂有多效唑、PBO等，一般6月上、中旬连续喷施两次250～300倍液的PBO，可加快长梢的迅速停长，促进成花。生长调节剂与环剥、环刻等措施配合应用，效果更好。注意：成龄园慎用环剥。

（五）病虫害防治

1. **主要病虫害**　此期病虫害主要有轮纹病、斑点落叶病、褐斑病，以及腐烂病和山楂叶螨、二斑叶螨、绣线菊蚜（黄蚜）、金纹细蛾、旋纹潜叶蛾、桃小食心虫等。

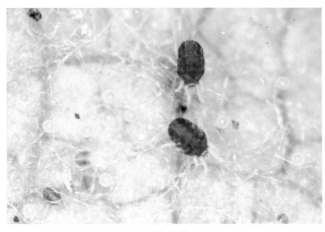

山楂叶螨

轮纹病：此期病菌都已进入大量形成孢子的时期，若降雨或高湿，均有大量孢子散发出来侵染果实，导致果实带菌。降雨后及时喷药是减轻后期烂果的关键。

斑点落叶病：6月下旬，如果降雨较多，病梢嫩叶可能大量受病菌侵染。

褐斑病：越冬病菌花后即开始侵染叶片，6月中旬开始发病。该病多从树冠下部开始发生，逐渐向树冠中上部扩展蔓延。

叶螨暴发为害状

释放天敌捕食螨

山楂叶螨：进入6月，因气温升高，繁殖加快，前期发展较快的果园，6月中下旬能出现落叶现象。麦收前后要切实注意搞好防治。

　　二斑叶螨：5月底到6月上旬开始上树为害，初期繁殖较慢，为害不重，但应早期注意防治，避免以后成灾。

黄　蚜

蚜虫天敌草蛉

绣线菊蚜（黄蚜）：麦收前，这种蚜虫为害较重。1个新梢上常常聚集成百上千头蚜虫为害，造成叶片卷缩、新梢瘦弱，对幼树及幼苗为害较重。

金纹细蛾（潜叶蛾）：5月下旬是金纹细蛾一代成虫发生高峰期。6月初，第三代幼虫蛀叶为害，幼虫蛀叶初期仍是药剂防治关键时期。

桃小食心虫：越冬幼虫5月下旬开始出土，6月中下旬为出土高峰期，幼虫出土和降雨关系密切。幼虫出土时施药防治效果较好，可在出土盛期用30克/升顺式氯氰菊酯乳油（阿耳发特）1 500倍液进行地面防治，树上防治可选喷2.5%溴氰菊酯乳油（虫赛死）4 000倍液。

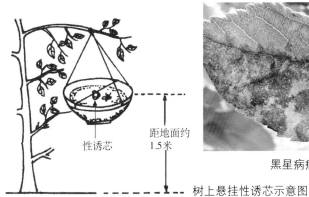

树上悬挂性诱芯示意图

黑星病病叶

使用性诱芯预测和控制害虫

2.防治方案 80%代森锰锌（80%绿色大生）可湿性粉剂600～800倍液＋70%甲基硫菌灵（丽致）可湿性粉剂800～1 000倍液＋2.5%高效氯氟氰菊酯（功夫、红高氯）1 500～2 000倍液＋1.8%阿维菌素水乳剂2 000～3 000倍液（或20%吡虫啉可湿性粉剂3 000～4 000倍液）＋翠康钙宝1 000～1 500倍液。

3.套袋苹果黑点病 苹果套袋以来，各地不同程度地出现果面发生黑点病的问题，发病果率一般20%～30%，重的达50%～60%，大大影响了果实质量，致商品果等级降低，造成经济损失，成为困惑套袋栽培的一个突出问题。造成果面出现黑点的原因很多，诸如药害、康氏粉蚧、蚜虫、绿盲蝽为害引起黑点、缺钙、缺硼等引起黑点，另外，还有由真菌感染引起的黑点病。

防治措施：

①改善果园地面和树体管理，及时刈割杂草，控制好树形，促进通风透光。

②选用质量好透气性好的果袋，科学套袋，套袋时一定把袋透气孔撑开，遇雨后才能及时把雨水排出袋外，使袋内透风、干燥。

③药物防治。花芽露红期及花序分离期，结合霉心病、白粉病等其他病虫害防治，喷施10%多抗霉素1 000～1 500倍液或70%甲基硫菌灵（不含硫）1 000倍液，杀灭果园内的黑点病菌。落花后至套袋前，每7～10天左右喷1次，连喷2～3次。有效药剂有10%多抗霉素1 000～1 500倍液、40%氟硅唑6 000倍液、80%代森锰锌600～800倍液、70%丙森锌600～800倍液等。套袋前药剂的选择对于黑点病的防治起着非常重要的作用。有效药剂可以在病发前将黑点病菌杀死，不合理的用药不但不能有效地防治黑点病反而会加重该病的为害。套袋前用药可参照霉心病防治方案。

④增强树势。追肥能显著增强树势，提高树体的抗病能力。

⑤在7～9月，如降水较多应及时排水，避免苹果园内长时间积水。

4.**腐烂病的防治**　在新梢停长后1～2周内，用杀菌剂加渗透展着剂进行第一次涂干，间隔半个月，进行第二次涂干。可采用25%丙环唑乳油（农趣）或40%氟硅唑乳油200～300倍液＋柔水通400倍液或新果康宝150倍液涂干能促进果树落皮层脱落，诱导果树产生腐烂病抗性，杀死已经侵染或扩展的病菌，减少表面溃疡的形成，同时全园喷施1.18%辛菌胺醋酸盐800～1 000倍液。

（六）夏季追肥技术方案

1.根据苹果树树势、产量和养分需求状况，若每667米^{2}套袋12 000～15 000个，则每667米^{2}施田生金果树复合肥40千克＋花果多（硅钙镁钾肥）25千克；667米^{2}套袋15 000～18 000个，则每667米^{2}施田生金果树复合肥60千克＋花果多（硅钙镁钾肥）35千克；每667米^{2}套袋20 000个以上，酌情加大施肥量。也可按盛产期苹果园，每株施田生金果树复合肥0.75～1.5千克，花果多（硅钙镁钾肥）0.5～0.75千克；幼龄果酌减。

2.每隔15～20天冲施全水溶比奥齐姆系列冲施肥，此期晚熟果以氮、磷、钾、钙12－8－20－10为主，早中熟以氮、磷、钾8－16－40为主，每667米^{2}果园冲施5千克，连施2～3次。

七、**7月份** 苹果园管理技术

月份：7月（小暑、大暑）。

物候期：花芽分化盛期、秋梢开始生长期、果实快速膨大期。

管理要点：夏剪、人工促花、追肥、病虫防治、起垄排涝、覆盖降温、刈割压青、早熟苹果采收、销售。

7月中旬至8月上旬秋梢开始生长时，在5月下旬调控的基础上对旺树进行第二次调控，包括当年生枝，此时还在生长的徒长枝、前旺后弱的两年生枝，再次进行转枝、拿枝软化、摘心去叶、强弱交接处环割，部分旺树还要进行轻度环割，同时疏除部分遮光的过旺生长大枝。在秋梢开始生长时，也可以采用上述方法控制秋梢生长，促进成花。

（一）夏剪及人工促花

人工夏剪

（二）追施果实膨大肥

对于挂果量较大的果园，一般在7月下旬至8月下旬追施果实膨大肥，这个时期追肥能促发新根，提高叶片功能，增加单果重，提高等级果率和产量，充实花芽及树体营养积累，提高树体抗性，为来年打好基础。施磷钾肥可提高果实硬度及含糖量，促进果实着色。促进果实膨大时，一般每667米^{2}果园追施速效复合肥（如高氮高钾型硝硫基复合肥金正大硝基肥）40～60千克。

（三）病虫害防治

7月为苹果花芽分化盛期，同时秋梢开始生长，果实进入快速膨大期，早熟苹果开始采收。由于7月是全年最热的月份，果树的病虫活动也非常活跃，注意加强防治红蜘蛛、蚜虫、褐斑病、轮纹病、炭疽病及腐烂病等。

此期主要病虫害是褐斑病、斑点落叶病、轮纹病、炭疽病、圆斑根腐病和蚜虫、红蜘蛛、卷叶蛾，以及椿象、潜叶蛾等，同时要注意一些生理性病害的预防和控制，加强预防不良天气对苹果的影响，减灾抗灾。

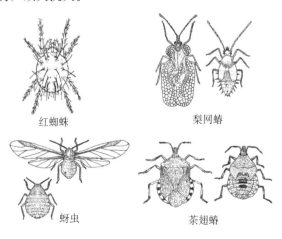

红蜘蛛　　　　　　梨网蝽

蚜虫　　　　　　茶翅蝽

苹果园夏季常见的几种害虫

梨网蝽

梨网蝽为害状

设置黑光灯、黄色诱虫板、性诱芯诱杀鳞翅目害虫。卷叶蛾、舟形毛虫为害较轻时可人工摘除虫苞或捕杀。结合雨后捕捉蚱蝉若虫或天牛成虫，控制其为害。

苹果套袋后每隔20天左右视情况喷1次杀虫杀菌剂。杀菌剂选用代森锰锌、丙环唑、甲基硫菌灵、戊唑醇、波尔多液等，根据虫害发生情况可选用吡虫啉、甲维盐、灭幼脲、阿维菌素、杀铃脲等。

夏季干旱高温，山楂叶螨和二斑叶螨等容易猖獗为害，可喷1.8%阿维菌素水乳剂2 000 ~ 3 000倍液＋SK矿物油200倍液防治

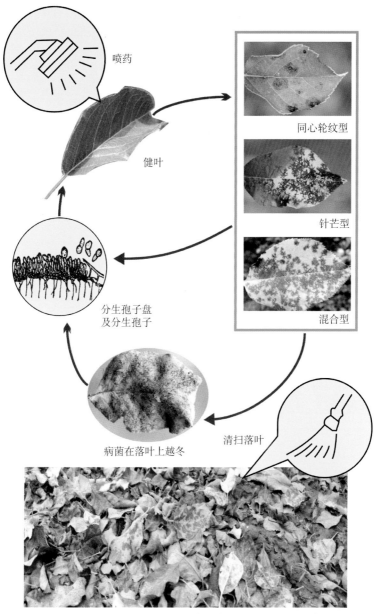

喷药

健叶

同心轮纹型

针芒型

混合型

分生孢子盘
及分生孢子

病菌在落叶上越冬

清扫落叶

苹果褐斑病落叶

1次。苹果绵蚜发生严重的果园，疏除虫梢，可喷布20%吡虫啉悬浮剂2 000 ～ 3 000倍液＋柔水通4 000倍液防治。

褐斑病造成大量落叶

风雨过后注意定期检查果袋

发生褐斑病、炭疽病、黑星病等病害的果园，可视情况喷布70%甲基硫菌灵可湿性粉剂（丽致）800～1000倍液，或25%丙环唑乳油（农趣）2000～3000倍液，或43%戊唑醇悬浮剂4000倍＋翠康生力液1500倍混合液，发挥药肥双效的效果，控制病害的发展蔓延。必要时，可以视情况喷20%噻菌铜600倍液＋20%苯醚·甲环唑（妙可）1500～2000倍液或倍量式波尔多液1～2次。

卷叶蛾、潜叶蛾初发生期，可以选喷25%灭幼脲悬浮剂1000～1500倍液，40%杀铃脲悬浮剂6000～8000倍液，2%甲维盐4000倍液。

套袋果园注意定期抽查，预防黑点病的发生。视当地的气候、果园的立地条件等因素，必要时应因地制宜剪除袋角或整理果袋，保持果实悬空等。

（四）嫁接新品种

此期对需要换种品种的幼龄果园，可以适时采用芽接法更换品种。一般采用倒"丁"字形或方块形皮下嫁接法。

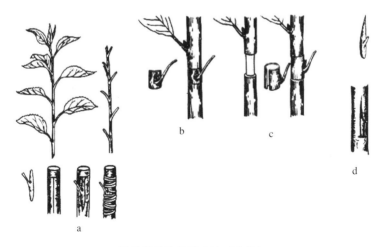

夏季常见的嫁接方法（芽接）

a.盾形芽接　b.片状芽接　c.环状芽接　d.钩状芽接

（五）起垄排涝、覆盖降温、刈割压青

提倡利用农作物秸秆或杂草等草源性材料覆盖果园，既减少病虫滋生，又可降温保湿、改良土壤。没有进行根盘覆草的果园，应抓紧麦收后草源丰富的机会，对树盘进行全面覆草。由于此期杂草生长极其茂盛，可刈割园内园外、沟边、园边、路边的茂盛绿草，压到树盘下。计划实施人工生草的果园，可利用雨季播种。已经实施人工生草或自然生草的果园，草高生长至20～30厘米时，应及时刈割。

果园割草覆盖

此期正值雨季，降水频繁量大，必须做好防洪排涝、水土保持和防风等工作。平地果园可进行"起垄栽培"管理技术，即从行间取10厘米的表土压到行内，使行间和行内地面有20厘米左右的高差，增加树冠下表土层，既可贮水保水，又能排水防涝，促进养分的吸收，避免积水成涝诱发根系病害。

（六）早熟苹果采收销售

7月中下旬，美八、藤木1号、富红早嘎、丽嘎等相继上市，由于一些早熟品种果实成熟不一致，采前有不同程度的落果现象，采收时可适当提前采收、分期分批采收。另外，早熟苹果一般都不耐贮藏，果实容易发绵，应当抢鲜销售，随采随卖。

八、8月份 苹果园管理技术

月份：8月（立秋、处暑）。

物候期：花芽分化、果实膨大、树梢生长、早果成熟。

管理要点：秋季修剪（强拉枝）、行间生草或割草覆盖、病虫害防治、摘叶转果、采早熟果。

（一）生长期修剪

拉枝是缓和树势，促进花芽形成的有效措施。对三至五年生幼树和初果期树的主枝、大辅养枝角度较小者继续实施拉枝开角。拉枝角度适中，不但有利于成花，而且结果多，果实大。

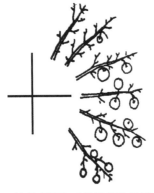

拉枝角度与成花结果的关系

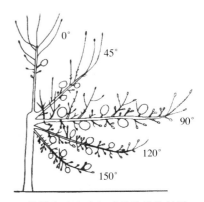

拉枝角度大小与成花结果的关系

幼龄果园和初结果树，对主枝两侧及斜生强旺的一、二年生营养枝采取捋拉或E形开角器变向缓势。此期适时对初、盛果树高已达要求的宜拉枝封顶，有利缓和树势。继续疏除过多的竞争枝、萌生枝、直立枝、多头梢、病虫枝梢等，以及过密的中庸辅养枝，创造良好的通风透光条件。对中心干、主枝上可利用的萌生枝待长至1米左右时拉平缓势。过多的、或长势过强（2个和2个以上）的果台枝采取疏一留一，或疏强旺留中庸。

进入秋季，对初结果旺树可以"戴活帽"修剪，促进成花，缓和树势。

幼树生长期拉枝

（二）病虫害防治

夏秋季的主要病虫害有褐斑病、斑点落叶病和红蜘蛛、卷叶蛾、潜叶蛾、苹果绵蚜等，这些病害防治稍有不慎，即造成大面积落叶，严重削弱树势，常造成不小的损失。以褐斑病为例，其主要原因是树势衰弱，没有前期预防意识，中后期疏于防范，病害暴发期的6～8月几乎很少喷药防治，以致出现"七（月）病八（月）落九（月）泛滥"的现象。斑点落叶病常侵染幼嫩的叶片，多在春梢生长初期和秋梢生长初期完成侵染，很快发病，并造成落叶。

（1）中、下旬雨季来临前，喷1：（1.5～2）：200倍量式锌铜波尔多液（即硫酸铜、硫酸锌1份，生石灰1.5～2份，水200份）或20%噻菌铜500～600倍液1～2次，中后期还可交替喷43%戊唑醇悬浮剂4 000～5 000倍液，或25%丙环唑乳油（农趣）2 000～3 000倍液，或40%氟硅唑乳油4 000倍液，防治褐斑病、斑点落叶病等早期落叶病。

（2）夏季干旱高温，山楂叶螨和二斑叶螨等容易猖獗为害，可喷3.2%阿维菌素水乳剂3 000～4 000倍液防治1次。

（3）苹果绵蚜发生严重的果园，疏除虫梢，可喷布20%吡虫啉悬浮剂2 000～3 000倍液防治。

（4）卷叶蛾、潜叶蛾初发生期，可以选喷1%甲维盐水剂1 500倍液1～2次。

（5）进入8月，我国大多数苹果产区降雨逐渐增多，连阴雨、冰雹、大风等不良自然灾害时有发生，应做好防灾、抗灾和减灾的工作。

（6）夏季高温干旱，应注意预防和控制因树体抗逆性差而发生的黄叶、果实日灼等生理性病害。

（7）晚熟套袋果园注意定期抽查，预防黑点病的发生。视当地的气候、果园的立地条件等因素，必要时应因地制宜剪除袋角或整理果袋，保持果实悬空等。

白星花金龟子为害苹果状

小叶蝉及为害状　　　　　　夏季高温干旱暴晒
　　　　　　　　　　　　　导致果实发生日灼

（三）刈割压青、行间种草和防洪排涝

提倡利用农作物秸秆或杂草等草源性材料覆盖果园，既减少病虫滋生，又可降温保湿、改良土壤。成龄果园可全园覆草，幼龄果园或草源不足时可覆盖树盘。覆草可用麦秸、碎玉米秸、绿肥作物、杂草等。注意先中耕浅锄，耙平地面，顺行筑畦或方形树盘，然后盖草。两行间留出50厘米作业道，近树干处留出20厘米间距，以防根颈积水、缺氧。

及时刈割果园生草计划实施人工生草的果园，此期可利用雨季出苗快、成活率高的特点适时播种。已经实施人工生草或自然生草的果园，草高生长至20～30厘米时，应及时刈割。覆草厚度15～20厘米，每667米² 2 500～3 000千克。此期正值雨季，降水频繁量大，必须做好防洪排涝、水土保持和防风等工作。

（四）果实管理（膨大、着色、增糖、适采）

为了保证果实膨大，除了前期严格疏花疏果、合理负载外，还要注意中后期的养分管理工作。对于挂果量较大的果园，一般在7月下旬至8月下旬追施一次果实膨大肥。这个时期追肥能促发新根，提高叶片功能，增加单果重，提高等级果率和产量，充实花芽及树体营养积累，提高树体抗性，为来年打好基础。

中早熟品种于采收前15～20日，可选喷翠康金钾1500倍液，磷酸二氢钾300～400倍液或翠康着色生力液1000倍液，有利于果实着色，提高含糖量，改善果实品质。采收前5～7天，摘除果实周围的"贴果叶"和距果15厘米左右的"遮光叶"，增加果实的着色面积，提高果实商品率。

当果实阳面色度达到标准要求时，再轻托果实扭转90°～180°，促使全面着色。

从7月中下旬开始，美八、藤木1号、富红早嘎、丽嘎、新红星等陆续上市，由于一些中早熟品种果实成熟不一致，采前有不同程度落果现象。采收时可适当提前采收、分期分批采收。

早熟苹果一般都不耐贮藏，果实容易发绵，应当成熟后做到分批采收，边采收、边分级，及时运销，抢鲜销售，随采随卖。

叶片多少与果实大小、含糖量、着色的关系密切，叶果比适宜有利于果实膨大、增糖和着色。

九、9月份苹果园管理技术

月份：9月（白露、秋分）。

物候期：果实着色，成熟期、秋梢根系第三次生长。

管理要点：秋季修剪、行间生草或割草覆盖、病虫害防治、果实解袋、苹果贴字、摘叶转果、铺反光膜、分批采收、秋施基肥等。

（一）整形修剪

1. **拉枝** 为了缓和树势，均衡枝芽，增加内膛采光。对角度小，内膛密闭的旺长树，必须及时开张角度进行拉枝。秋季是拉枝的黄金季节，原因是秋季正是养分回流期，及时开张角度后，养分容易积存在枝条中，使芽体更饱满，可促进提早成花；同春季拉枝相比，背上不会萌发强旺枝；秋季枝条柔软，也容易拉开，而且秋季拉枝后，为来年的环割促花做好了准备，若春季拉枝后随即环割，则枝条易折断。夏梢停长之后，有部分秋梢虚旺生长，不利于果树营养积累，所以进入9月后对于这些枝条要从主轴枝的基部转枝（要把握程度，伤得过重不利于伤口愈合），较粗的枝转枝、拉枝、下垂、固定，细小的枝从主轴枝基部转一下轻造伤即可。有些虚旺枝，芽质不饱满，在主轴枝基部转枝时再在本枝的中间隔5～6片叶各转一下直至顶梢。真正的旺枝，转枝下垂后，第二年就可生出许多中短枝来，因此不必在中间转。

2. **拿枝软化** 在8月上旬到9月下旬，当新梢接近生长或已经木质化时，要对中干延长头下部萌发的3～5个当年生直立新梢或主枝背上枝，进行拿枝软化。切勿损伤叶片，一般经过拿枝软化后，枝条应达到下垂或水平状态，为了增强拿枝效果，最好每隔7～10天连续进行2～3次，为当年或翌年形成花芽奠定基础。

拉　枝

3.疏枝增光　秋季树体普遍旺长，营养无效消耗加剧，冠内郁闭现象严重，应抓好修剪调光措施的落实。9月份，对于密闭的树体，合理疏枝，对象是辅养枝上的直立枝、萌生枝、竞争枝，配合拉、别斜生枝等，引光入冠，促进上色。清除根蘖、萌蘖；疏除主枝背上直立徒长的强旺枝、密生枝和外围多头枝；消亡牵制枝，对于树势基本稳定、单位枝量（亩枝量）已理想的树，前部花芽、叶片、果子均不少，由于地下肥水偏多，这类枝的背上容易冒出枝条，如再转枝、拉枝，周围无处可放，再放就影响光照。这样的枝和前部花芽较弱的枝，此时可从主轴枝基部疏除，有利于剩余枝的营养积累及果实着色，而且去枝后不会引起树上冒条。去枝时要从主轴枝基部一次去掉，不能留分枝，以免引起来年旺长。对于30～50厘米长的细小虚弱枝（软枝）不要疏掉，以增加枝背上小枝数量，有些人把所有的背上枝全部疏掉是错误的。对于无果大树或果采摘后的第二年需要改造的树，9月中下旬对部分旺树去大枝有助于稳定树势，减轻来年工作量。弱树去枝时要慎重，尽量不要去，如必须去大枝时，要在增加基肥使用量的基础上进行。要注意保护伤口，可用愈合剂或封剪油涂抹。

（二）排水防涝

9月是苹果的集中上色期，适当控制水分供应（适当的"干旱"），有利于果实的着色而提高外观质量。针对秋季雨水较多、土壤湿度过大、通气性差的现实，要做好排水防涝，中耕松土，以保持土壤疏松，通气良好，为根系生长发育创造良好的土壤环境，防止土壤水分过多而影响果实的色泽发育。

（三）果实除袋

果实在袋内生长100～120天，双层内红育果袋，最好分两次除袋。高海拔地区果实着色快，可在果实正常采摘前10～15天除袋，低海拔地区果实着色慢，可在果实正常采摘前15～20天除袋，先摘除外袋，3～5天内再除去内袋。除袋时最好选择阴天或多云天气除袋，晴天除袋应在上午9～12时、下午3～7时进行，除内袋时，上午先除去树冠东部、北部及枝冠内的袋子，下午除袋时，应从树冠南部、西部撕成伞状罩住果实，严防高温时段除袋，防止日灼发生。

解袋观察

苹果解袋

解袋操作不慎，果实发生日灼现象

（四）摘叶转果

摘叶可分步骤进行。第一次在脱袋的同时，摘除紧靠果实的莲座叶；脱袋结束后再摘除果实附近5～10厘米范围内的叶片。摘叶应在上午9时以后进行。先将果实周围15～20厘米范围内的遮光和贴果的叶片剪除，过5～6天后，再摘除果实周围的挡光叶、小叶、薄叶、黄叶、老叶，然后再摘除秋梢叶和中上部影响透光的部分叶片，尽量保留功能叶，以免影响光合效率。摘叶时，先摘除树冠中、下部和内膛，后摘树冠上部、外围。总之，摘叶必须保留叶柄，摘叶数量不应超过全树的20%～30%。如果人工价高，此项工作可以少做。

转果是在除袋后5～8天内，果实阳面着色达70%左右时进行为好。转果是把果实旋转90°～180°，使果实阴阳面交换位置，以保证原阴面也着好色。轻轻转动果实，使其背阴面转至阳面，不要用力过猛，以免扭落果实，转果时分2～3次进行为好，对因转果后无法固定的果实，用透明窄胶带固定在附近的树枝上。注意：转果应顺一个方向进行，避免拧掉果柄。

苹果摘叶转果后的生长状况

摘叶转果后果实全面着色

（五）及时喷药防病、补钙肥

脱袋后的苹果皮细嫩，极易感染红点病，气孔增大，导致裂口出现，加之缺钙，极易发生缺钙症等病害，并使果面出现小裂纹，降低果品的贮藏性和商品性能。因此，在除袋后应喷布 1 ～ 2 次杀菌剂和补钙肥，杀菌剂可选丙森锌600 ～ 700 倍液或70%甲基硫菌灵（丽致)800 ～ 1 000 倍液，钙肥可选用翠康钙宝1 000 倍液，间隔5 ～ 7天。必要时喷1 ～ 2次微量元素水溶肥料（斯德考普）或有机钾肥，可促使红富士苹果提前上色、着色。

（六）树下铺反光膜

铺反光膜是在摘叶结束后进行。在树冠下铺设反光膜，可将射到地面的光线再反射到树上，使内膛果实及果实的萼洼也着色。反射光使果面着色鲜艳，对提高果实外观质量效果明显，能提高消费者对果实的购买欲望。9月底或10月初，苹果除袋后立即在树下沿行向铺设银色反光膜，有利于树冠内膛和下半部分果实着色。铺时将树下杂草除净，整平土地，硬杂物捡净，膜要拉直扯平，边缘压实。铺后经常清扫膜面，保持干净，增加反光效果。采前1 ～ 2天收膜，清洗晾干，以后备用。

果园行间铺反光膜促进果实着色

干旱时及时喷水有利于果实着色

（七）果实贴字增收

应根据果实的成熟期确定贴字的时间，过早因果实膨大，容易把字的笔画拉开，影响艺术效果；过晚果实已经着色成熟，达不到预期的目的。操作时，选用小刀将"即时贴"字样从当中剥开，把有色一面朝外贴在果实朝阳一面的胴部，尽量使其平整不出皱折。一般1个果贴1个字，如"福、禄、寿、喜，吉、祥、如、意"等文字或十二生肖、花、鸟、虫、鱼等图案。操作过程要轻拿轻放，以防落果。贴字苹果采收后，除去果面的贴字或图案，擦净果面，用果蜡对苹果打蜡，以增加果面光泽，减少果实失水，延长果实寿命。相同的字样，按果实大小分类装箱，做好标记，按字组（图案）摆放或分装在塑料袋（盒）内或提盒，以方便出售。这样，包装后的果实，通常可增值约10倍。

贴字后的果实

（八）适时分批采收

适期采摘十分重要，一般按果实的生长期，即从落花到成熟的天数来确定采摘的时间。例如元帅系生长期140天左右，红富士系175天左右，国光160天左右，乔纳金150天左右。采收是关系到果品质量的重要一环。一般除内袋10日左右当果实外观质量达到商品要求时就可分批采收。

采收操作注意事项：

①提倡采用采果袋、采果梯、盛果箱（筐）等采收工具，采果前必须剪短指甲，穿软底鞋。

②操作时，用手托住果实，食指顶住果柄末端轻轻上翘，果柄便与果台分离，切忌硬拉硬拽；应本着轻摘、轻放、轻装、轻卸的原则。提倡果实摘下后随即剪果柄、套网套，装入定量的塑料箱搬运。

③先采冠上、冠外果实，相隔几日再采冠内、冠下果实。

④不宜在有雨、有雾或露水未干前进行，应选择在晴好天气采果。

⑤采收要求：一是分级分批采收。二是及时预冷后再入库，确保果实商品性。

做到适时采收，采后分级。

（九）适时施基肥

基肥是果园最基础、最重要的施肥，它关系到果树年周期中各种养分的供应。施基肥应讲究时间性、合理性和科学性。具体要求是：施肥时间为9～10月份；肥料种类以有机肥为主，增施生物有机肥，适量施用化肥、补充微肥；施肥方法为沟施或穴施；施肥部位在树冠外缘内侧；施肥深度20～40厘米（根系集中分布层）。果实采收后，给果树施数量和质量相同的肥料，秋季施较春、冬季施用能提高坐果率8%～10%，提高产量10%～15%。其增产增优效果非常明显。

推荐每667米^{2}施肥量：用沃益多生物菌种激活后一组（即①＋②各一瓶；①是休眠菌种，②是营养激活剂）与农家有机肥混拌均匀施入，硫酸钾型或硝硫基型复合肥（16－8－16）80千克，"花果多"硅钙镁钾特种配方肥50千克，诺邦地龙生物有机肥80～120千克＋持力硼500～1 000克；同时，叶面喷施翠康金钾1 000倍液或翠康着色生力液1 500倍液2～3次。

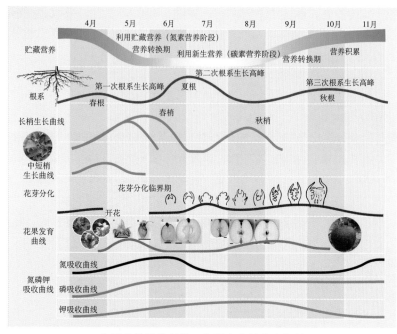

苹果营养转换吸收及各器官生长发育规律

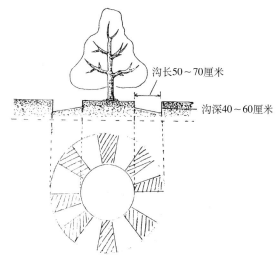

放射状条沟施肥法

旱地果园穴贮肥水法　　　　　　　通行挖沟施肥法

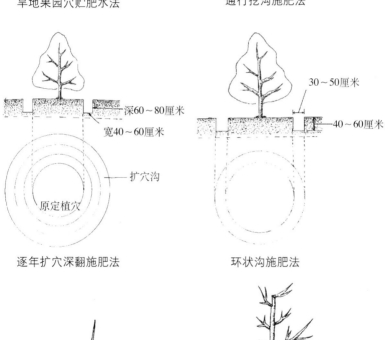

深60～80厘米

宽40～60厘米

扩穴沟

原定植穴

逐年扩穴深翻施肥法

30～50厘米

40～60厘米

环状沟施肥法

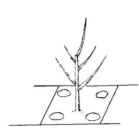

幼龄树4～6穴/株　　　　盛果期大树6～8穴/株

定位穴施肥法

（十）杂草压青

秋雨多杂草生长旺盛，施肥后提倡对园内外的杂草进行刈割，覆盖到果园内，可起到降温、改土、增肥等多重作用。

（十一）病虫害防治

主要是防治苹果腐烂病和金纹细蛾、苹果绵蚜等。

（十二）行间种草

进入秋季，应及时施肥后行间种草，可选用三叶草等，也可种油菜。

果园行间种植油菜

果园种植三叶草

果园种植鼠芽草

月份：10月（寒露、霜降）。

物候期：秋梢停长、晚熟果成熟着色。

农事要点：叶面喷肥、铺反光膜、摘叶转果、采晚熟果、及时预冷入库、秋施基肥、病虫害防治。

10月份是苹果晚熟品种成熟期，此期除注意苹果适时采收外，主要的管理工作是：

（一）叶面喷肥

晚熟品种采前20天左右，叶面喷微量元素水溶肥料（斯德考普）6 000倍液或磷酸二氢钾（或水溶性硫酸钾）250～300倍液，相隔8～10天再喷1次。

（二）除袋、贴字、摘叶、转果、铺膜、分批采收

根据天气和采收要求，进行摘叶、铺反光膜、转果，并分期分批适时采收，提高果品质量（详见9月份管理）。

入筐的苹果

采收苹果

（三）采后增色

对自然着色差的果实，可进行人工增色，其方法是：选择干燥平坦通风处，铺3厘米厚的细沙或草，将果实的果顶向上，果柄朝下，单层平摆于沙面上，白天见光晚上着露，在上午9时至下午4时，用苇席遮盖果面，以防日灼。一般经过4昼夜，果实即可达到应有的色度。

（四）采果后喷肥

采果后随即于午后全树喷布微量元素水溶肥料（斯德考普）6 000倍液，相隔8～10日再喷布1次，延缓叶片衰老，增强光合作用，增加贮藏养分，有利于花芽分化和树体安全越冬。

（五）抓紧时机，秋施基肥

秋季是果树根系的第三次生长高峰，根系生长量最大，吸收能力最强；伤根易愈合，且能促发新根增加吸收面积；加之土壤墒情好，温度适中，有利于肥料的转化吸收和贮藏利用。秋季树体合成的营养，除少量用于果实膨大和花芽分化外，主要贮存于树体。而树体贮存营养的多少，不但影响果树的抗病、抗冻能力，更对来年的生长、坐果、产量、质量都有决定性作用。有人试验发现，秋季和冬、春施同样质量和数量的肥料，秋季施比冬、春施能增产10%～15%。所以，9月份没有施肥的果园，此期一定要抓紧时机，尽早秋施基肥。

参照树龄在15年以上，有机质含量接近1%的果园的标准，每667米²产量2 000～2 500千克，混拌激活后的沃益多菌种一组，可有效预防根腐病的蔓延发生，对改善土壤团粒结构，提高土壤通透性有特别作用。每667米²推荐施肥量：硫酸钾型复合肥（氮≥16%，磷≥8%，钾≥16%）80千克，花果多（硅钙镁钾特种配方肥，硅钙镁≥48%，钾≥8%）50千克，诺邦地龙生物有机肥80～120千克。在实际生产中，施肥量可以根据树势、产量等，因地制宜适当微调。据测定，施用诺邦地龙生物有机肥，可明显提高施肥穴周围土壤有机质含量，降低土壤pH，对黄土高原土壤改良特别有效。

（六）行间种草或油菜

趁墒行间种三叶草、黑麦草等。干旱、半干旱地区或三叶草不能越冬的地区，可全园撒播油菜；油菜秋季生长量大，可以很好地覆盖地面，减少蒸发，保墒，来年春季花期与苹果相同，吸引授粉昆虫，提高果树的坐果率；花后刈割、覆盖及油菜根腐烂，还能增加土壤有机质。

（七）幼龄果园灌冻水

10月下旬前，对幼龄果园提前灌冻水，水量要充足。水渗后进行耕翻、细耪，可使土壤冻结晚、冻土层浅，翌年开春土壤解冻早、寒、旱危害轻，有利于防止幼树抽条现象的发生。成龄苹果园要掌握昼消夜冻时适时冬灌，有利于树体抗寒抗旱安全越冬。

（八）病虫害防治

1. 防治苹果腐烂病　秋季是腐烂病的第二个高发期，在增强树势的同时，于施基肥后，及早对主干、主枝、枝杈等处刮除粗、老、翘皮，集中烧毁（发现腐烂病疤彻底刮治），并用40%氟硅唑乳油200～300倍液加柔水通300～400倍液主干涂药处理。腐烂病严重的果园，间隔15天，连涂两次，可有效防治腐烂病。涂抹的药剂也可选用25%丙环唑乳油（农趣）150～200倍液，或10%新果康宝水剂5倍液，或43%戊唑醇悬浮剂150～200倍液，全园喷施1.18%辛菌胺醋酸盐800～1 000倍液。

2. 防止大青叶蝉为害　为避免幼树因大青叶蝉在其枝条上产卵而造成死枝、死树现象的发生，可于10月上旬前在幼树主干、主枝上涂白，以阻止大青叶蝉在此产卵。涂白剂的配方是：生石灰10份、食盐1～2份、水35～40份，用水将生石灰化开，去渣，

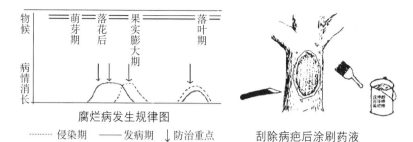

腐烂病发生规律图

-------- 侵染期　—— 发病期　↓防治重点

刮除病疤后涂刷药液

倒入食盐水中，搅拌均匀即成。也可用杂草或塑料布包扎幼树枝条，既能阻止大青叶蝉产卵，又可防止抽条。

大青叶蝉

大青叶蝉为害状

（九）贮藏

在果实采收后，有条件的可进行机械制冷和气调贮藏，条件不具备的或其数量不多时，也可采取以下措施进行简易贮藏。

1. 堆藏　将挑选分级后的果实散藏或筐装，直接堆放在果树行间的地面上，一般贮藏堆宽1.5米、高0.6米。果实堆放后，前期白天可用苇席、草帘遮盖，以防日光照晒，夜晚揭去遮盖物放风，降低堆温。

2.改良地沟贮藏　选择背阴处挖宽、深各1米的地沟，长度以贮量而定，用10厘米厚草帘作沟盖。贮前白天将沟盖严，夜间敞开预冷，连续进行10天。再将分级后的果实装入塑料袋中，敞口预冷两个夜晚后于早晨扎紧袋口入沟贮藏。白天将沟盖严，夜晚敞开降温，沟温达到0℃，要密封地沟保温。冬天应经常检查贮藏情况，春天沟温回升到15℃时，结束贮藏。

贮藏前预冷

地沟贮藏的苹果

十一、11月份苹果园管理技术

月份：11月（立冬、小雪）。

物候期：落叶。

管理要点：秋耕保墒、清洁果园、树干防护、冬灌保墒、果实分级、入库贮藏。

11月果实已经采收完毕，苹果开始落叶，应抓紧时间，在早霜来临之前进行秋耕保墒、清洁果园、树干防护等，对入库的果实还要进行分级、包装，入库贮藏等。

（一）病虫害防治

1.**害虫的防治** 苹果采收后，潜叶蛾、螨类、卷叶蛾等开始在枝干、粗皮裂缝中以蛹、卵或幼虫越冬。所以，在果实采收后，要剪除病虫枝，刮除树干粗皮，捆绑草把诱集越冬害虫，收集后集中烧毁，以减少来年害虫基数。苹果绵蚜、桃小食心虫、金龟子等入秋后会潜入根系周围的土壤中越冬，结合秋季施肥，深翻树盘，将地面的病叶、残果、杂草及在其中越冬的害虫翻入土壤深处，使其下年不能出土为害，同时将土壤中越冬的害虫翻出地面冻死。果园里边或附近放农具或废弃的房屋是茶翅蝽等害虫的理想越冬场所，在冬季或早春进行喷药或将房屋密闭后熏蒸，防治效果特别明显。

2.**病害的防治** 苹果枝干病害主要包括轮纹病、腐烂病、干腐病等，是影响果树生长、果品质量的重要病害，主要在成年结果树上发生，管理措施差的幼龄结果树也有发生。从病害的发生规律看，最佳用药时间是11月中下旬，春季萌芽前用药效果不好。结合刮树皮，将病斑或病瘤刮除后涂药。果实采收后立即保护果柄痕伤口。

（二）果园土肥水管理

1. **秋施基肥**　在苹果采摘后进行，宜早不宜迟，而且施肥越早效果越好。秋施基肥可以补充苹果采摘后树体营养亏损，特别是结果多、树势弱的树及早熟品种，早施基肥显得更为重要。一般在9月初至落叶前进行。肥料以腐熟的有机肥为主，化肥为辅，做到改土与供养相结合，迟效与速效相结合。在化肥中要氮、磷、钾配合，缺少微量元素的果园要有针对性地施入。采用两年深施1年浅施的方法。深施时挖环状沟或放射状沟，沟宽25～30厘米、深50～60厘米，隔年挖沟的位置要错开，施肥后要覆土浇水。基肥以腐熟的有机肥为主。

2. **叶面追肥**　实践证明，落叶前15天叶面喷施翠康保力800倍液或1%～1.5%尿素液可以延长叶片寿命，增强叶片功能，提高光合强度，促进叶片内养分向树体和根系的回流，从而提高树体内有机营养含量。

3. **果园深翻**　一般在苹果采收后11月上旬进行。果园深翻可以增加土壤活土层厚度，改善通气条件，增加土壤中微生物的活动能力。而且通过深翻可以促发大量新根，提高根系活力，有利于养分和水分的吸收。翻土深度从树干根颈处向外围逐渐加深，树冠下部以20厘米左右为宜，树冠外围应加深到30～50厘米。深翻时遇到主根和粗大的侧根，可在树冠外围将根系切断，促发大量新根，同时深翻可杀死大量在土壤中越冬的害虫。

4. **浇冻水**　有灌溉条件的果园，封冻前应在树盘内灌水，满足冬春对水分需要；没有灌溉条件的果园，也要进行园地耕翻，保蓄水分，安全越冬。冬前灌水可以提高果树抵御严寒的能力，满足果树来年春季生长发育所需求的水分。水的比热大，可以保持土壤比较稳定的温度，防止冻害。时间宜在11月中旬，气温在 -3～10℃时进行。

（三）修剪

需要拉枝的果树应在秋季进行，此时拉枝具有易拉、成形快、缓势效果好，以提高枝条成熟度，充实芽体饱满等的特点。拉枝要以非骨干枝开角为主，开张角度在80°左右，能有效缓和树势，早结果。

（四）树干防护

1. 树干套薄膜筒　于苹果树落叶前，对当年秋季所栽植的幼龄苹果树干套薄膜筒防寒，以利于安全越冬。

2. 树干束草　有条件的苹果园，在幼龄苹果树落叶前，树干束草或麦草秸秆，不但有利于预防野兔等啃咬，而且有利于防寒越冬。

3. 树干涂白　苹果树落叶至土壤结冻前，配制涂白剂涂刷树干和主枝，可减少或避免果树日灼和冻害，消灭树干裂皮缝内的越冬害虫，同时具有防寒等作用。涂白剂的配制比例为：生石灰5～6千克、食盐1千克、水12.5千克、黏着剂0.05千克、动物油0.15千克、石硫合剂原液0.5千克。涂白剂的浓度以涂在树干上不往下流、不结疙瘩、能薄薄粘上1层为宜。

4. 培土防寒　在结冻之前于树体根颈部培土，厚度20～30厘米，来年化冻时撤除。

树干涂白

（五）苹果采后分级

传统农业果农收获苹果后习惯整个果园不分等级按堆销售。现代物流条件下的果品交易要求苹果按等级规格分级销售。

苹果采后分级销售具有如下好处：提高果农销售收入；简化交易过程，加快果品商品化流通；便于贮藏、流通企业大量的收购贮运。

据农业部2010年发布的数据，我国苹果主要产区的陕西、山东、甘肃等省份，富士苹果产量已经占到苹果总产量的80%以上。仅以富士苹果为例说明分级方法以指导生产实践。参考GB/T 10651—2008《鲜苹果》、NY/T 439—2001《苹果外观等级标准》及ZB B31006—88《出口鲜苹果》，结合山东、陕西全国主要产区苹果种植生产实际，提出富士苹果生产分级标准：

按苹果果径（最大横切面直径，毫米）将苹果分为以下几个等级：

≥80	≥75	≥70	≥65

各个不同果径苹果，按照不同外观指标分为特级果、一级果、二级果。

外观指标主要有如下几项：

（1）色泽　特级果着色面（条红或片红）≥90%，一级果着色面（条红或片红）≥80%，二级果着色面（条红或片红）≥60%。

（2）果形　果形指数：苹果的纵切面和横切面的比值。二级以上果要求果形指数≥0.7；特级果果形指数>0.7。

着色面≥90%　　　　　　着色面≥80%　　　　　　着色面≥60%

畸形指数：苹果高端肩与底端平面距离减去低端肩与底端平面距离。二级以上果要求畸形指数小于1厘米。

果形指数0.7   畸形指数等于1厘米   畸形指数大于1厘米

（3）各等级外观分级要求 苹果各等级分级标准见表2。

表2 苹果果实外观分级要求

等级	着色要求	果面严重缺陷	果面轻微缺陷
特级	着色面≥90％，片红及集中着色的条红，红色浓郁、色调鲜艳	允许总面积小于0.5厘米^{2}的轻微碰压伤处，不变色、不发软，无其他缺陷	外观光洁细腻，允许不超出梗洼的梗锈，果形指数＞0.7，允许畸形小于0.5厘米
一级	着色面≥80％，片红及集中着色的条红	允许总面积小于2厘米^{2}的轻微碰压伤，不变色、不发软；允许0.1厘米^{2}的轻微破皮伤1处；允许果面小于0.02厘米^{2}的非腐烂病点1～2处允许长度小于0.2厘米的水裂纹5处。不允许虫果、腐烂、脱水	果面光洁，允许轻微日灼；允许轻微超出梗洼的梗锈，允许果面总面积小于4.5厘米^{2}的轻微网状薄锈；果形指数≥0.7，允许畸形小于1厘米
二级	着色度≥60％，未集中着色的条红及浅片红	允许总面积小于2.5厘米^{2}的轻微碰压伤，不变色、不发软；允许0.1厘米^{2}的轻微破皮伤1处；允许果面小于0.04厘米^{2}的非腐烂病点2～3处；允许长度小于0.4厘米的水裂纹10处。不允许虫果、腐烂、脱水	无大日灼、果锈、疤点、雹伤；果形指数≥0.7

注：着色及缺陷任何一项达不到要求，打入下一个等级。

现代化的苹果分级生产线

（六）苹果贮藏

苹果贮藏按贮藏方式分为简易贮藏和机械贮藏。

1.简易贮藏

（1）沟藏　沟藏是按一定层次将苹果埋放在泥、沙等埋藏场所里贮藏的一种方法。沟藏一般利用较稳定的土壤温度（一般在0℃左右）维持所需要的贮藏温度，即利用土壤控制一定的湿度和积累一定的二氧化碳来减少苹果的呼吸强度和减少损耗。

（2）窖藏　是利用土窖缓慢变化的土温和简单的通风设备来调节窖内的温度和湿度，利于苹果长期贮藏。常有棚窖、井窖和窑窖。以陕西地区最常用的窑窖为例：窑窖需建于丘陵、山坡土质坚实的迎风处，由窖门、窖身和通风孔三部分组成。在苹果入窖贮藏的初期，夜间打开窖门和通风孔，导入外界冷空气，加速降低窖内产品温度。白天关闭窖门和通风孔。在贮藏中期的冬季

（外界气温低于−5℃），在保证不受冻害的前提下，充分利于外界低温，使冷量积蓄在窖内（窖内温度维持在0℃左右）。在2月份后，尽量少开窖门，防止冷量损失。

（3）通风库贮存　是将苹果放入具有良好隔热性能的永久建筑中并设置灵活的通风系统，以通风换气的方式维持库内比较稳定、适宜贮藏温度的一种贮藏方式。入库初期，夜间打开通风排气系统，导入外界冷空气迅速降温。在贮存中期，根据库内温度的变化（安装温度计）适当的开启通风系统调节库内温度，维持库内温度在0℃左右；另外，在整个贮存期间，须在地上铺上细沙，洒上水，并且在墙上喷淋水，保持库内湿度在90%～95%之间。

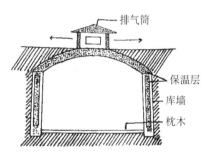

地下式通风贮藏库横剖面图

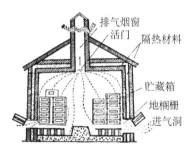

地上式通风贮藏库横剖面图

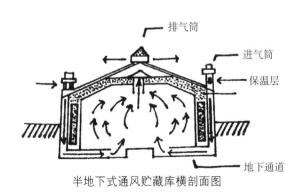

半地下式通风贮藏库横剖面图

2.机械冷藏　机械冷藏是借助机械冷凝系统的作用，将库内热空气传送到库外，使库内温度降低并保持一定相对湿度的贮藏方式。机械冷库按冷却方式不同分直冷式（蒸发器直接置于冷库中）和鼓风冷却式（通过空气冷却器将蒸发器冷量吹入库中降温）。制冷剂对大型冷库多采用液态氨，小型冷库采用氟利昂。为保证苹果水分不会散失机械冷库会安置喷淋加湿系统，保证库内湿度维持在90%～95%。苹果冷藏温度维持在（0±0.5）℃。通过每周定期通风换气，排除果实代谢活动释放和积累的有害气体成分（如二氧化碳、乙烯、乙醛等）。富士苹果普通冷藏的期限为5～7个月。

机械冷藏库

3.气调贮藏　气调贮藏是改良贮藏环境气体成分的冷藏方法，是在冷藏环境下，保持一定的二氧化碳和较低的氧气从而抑制苹果的呼吸作用。从而延缓苹果的衰老过程。气调贮藏库房除了配备制冷设备外，贮藏间必须装备有气密层、密封门及调节贮藏间内气体组成的设备。调气设备包括制氮设备、二氧化碳清除装置、乙烯脱除装置。对于富士苹果，气调贮藏最适合的条件为温度 $0 \sim 1℃$、相对湿度 $90\% \sim 95\%$，氧气 $2\% \sim 4\%$、二氧化碳 $0.5\% \sim 1\%$。良好的气调贮藏设备可以保证苹果贮藏期限达到10个月。

十二、*12月份* 苹果园管理技术

月份：12月（大雪、冬至）。

物候期：休眠。

农事要点：整形修剪、树干涂白、病虫害防治、调查总结。

进入12月，随着气温的降低，苹果树落叶后停止了生长，逐渐进入休眠。本月的工作重点是整形修剪、病虫害防治、树干涂白、学习交流等。具体的措施是：

（一）整形修剪

整形修剪是冬季果树管理的重要方面，分为整形和修剪两个方面，前者主要是针对树形，即通过一定的手段，使果树维持合理的骨架结构，达到主枝在空间上均匀分布、通风透光的目的。而修剪主要是针对树势和负载量，通过各种修剪方法，使树势趋于健壮，负载合理，连年结果，高产稳产。

1. 根据果园实际情况，确定合理树形　培养生产优质苹果树形，形成合理树形，有效利用空间，改善通风透光条件，调节树体养分供给与积累，协调生长与结果关系，使果树稳产丰产，延长果树寿命。生产中因密度不同，单位面积内所栽植的果树株数多少不同，分密植树形和稀植树形两大类。常见的密植（多采用矮化砧木）树形有高纺锤形、细长纺锤形和主干形等；稀植树形有自由纺锤形、主干疏层形、开心形和改良开心形等。其中开心形因主干的高低不同又分为低干开心形、中干开心形和高干开心形3种。

2. 幼树的整形　第一，目标树形一定要和砧穗组合、栽培模式、定植密度相适应。第二，对于选用高纺锤形、细长纺锤形、

主干形等宽行密植果树来说，一定要使果树保持一个强壮而笔直的中干，对于过大和中干级次没有拉开的主枝，要及时疏除；对于中干弯曲的果树，要及时扶直。第三，对于选用传统稀植大冠树形的果树来说，仍然需要短截扩冠。第四，拉枝作为整形的重要手段，应大力提倡，但需注意，一定要根据不同树形、不同地区、不同肥水条件确定拉枝角度。

密植树形要有强壮的中干

高纺锤形果园

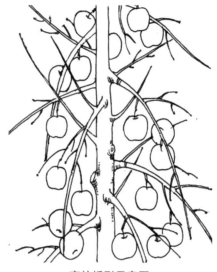

高纺锤形示意图

3.密闭园改形 密闭园改形一定要遵循大密闭大改形、小密闭小改形、不密闭不改形的原则进行，不同的果园，密闭程度不同，改形的策略、方法、轻重缓急都不一样，严禁采取一刀切的办法进行。对于2米×3米、2米×4米、3米×4米等密度大的果园，进行改形时，首选隔行或隔株间伐技术，对保留的植株，保持原树形，不要采用任何改形技术。对小密度果园，可采用"瘦身法"改造技术。即通过各种技术手段，将大冠树形变为小冠树形，将疏层形改为自由纺锤形、细长纺锤形，将自由纺锤形改造为高纺锤形、主干形等，通过树冠瘦身，达到解决密闭问题的目的。对于年降水量较少、土壤较为瘠薄的高海拔地区果园，由于年生长量较小、密闭问题较轻的，可以保持原树形不变，仅作局部调整，一些比较密闭的果园，可以通过适当开张主枝角度而达到控制树冠的目的。对于强行提干、落头开心的果园，背上冒条往往比较严重，对于这些背上枝条，一定要通过拉枝、转枝、刻芽等调势促花手段，使其由营养生长尽快转向生殖生长，成花结果，加以

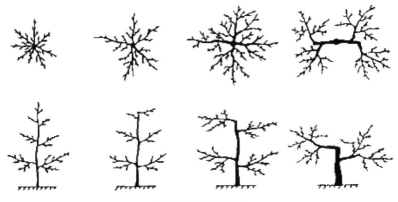

小冠疏层形改形过程

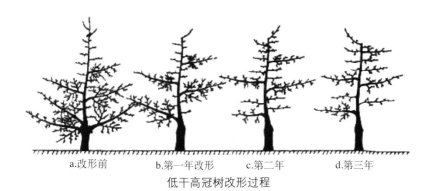

a.改形前　　　b.第一年改形　　　c.第二年　　　d.第三年

低干高冠树改形过程

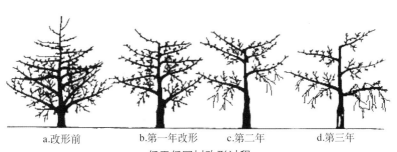

a.改形前　　　b.第一年改形　　　c.第二年　　　d.第三年

低干低冠树改形过程

主干形阶段　　　　　变则主干形阶段　　　　　完成开心形阶段

开心形整形过程和树体变化示意图

利用，切忌盲目乱剪。密闭园改造应遵循改造六原则：因地制宜定树形，依势定法逐年改，先开行间后株间，去大留小减级次，改形结果两兼顾，改形之后精细管。

总之，成龄密闭果园要通过采取间伐、提干、落头、疏枝等技术，达到每667米^{2}留枝量6万～8万条，长、中、短枝比例为15：30：55。以中、短枝结果为主。在密闭果园修剪中要适度间伐。整形修剪中要适度提干，一般提干1～1.2米为宜，以缓和树势，减缓扩冠速度。开心落头时，要落到枝组或辅养枝处，一般落头到3米左右为宜。

4. 树势的调节　果树整形修剪有三大目的：调节光照、调节树势和调节负载。其中调节光照属于树形的范畴，通过幼树的合理整形、密闭园的改形，使果树枝条有一个合理的空间分布，解决光照问题。健壮稳定的树势是果树稳定结果、提高果品质量、延长果树寿命、抵御病虫害的前提。而且，树势调节是一个长期的过程，在果树生长当中，果树的树势随时都在变化，不同的枝条、不同的品种，其势力此消彼长，有些枝条变得强旺、有些枝条变得虚弱，我们调势的目的就是要保证树势平衡。

5. 负载量的调节　通过合理的冬季修剪，辅助花前复剪将花量过大的一部分花芽提前疏除，在配合春季的疏花疏果，达到调节负载的目的。相反，对于花量较少的植株，通过树势、枝势的调节，综合运用调势促花措施，使果树尽快成花结果，丰产稳产。

6.**伤口保护**　改形过程中出现的剪锯口，最好先用利刀削平，再用愈合剂涂抹处理或用塑料薄膜进行包扎，保护伤口。

（二）病虫害防治

刮治老翘皮，特别是环剥（或环切）口、枝杈夹角处，日灼伤疤并深埋或烧毁，以铲除枝干病害，集中烧毁或深埋，消灭越冬害虫，降低病虫越冬基数。

刮治腐烂病：冬季重点是检查主干、大枝、枝杈、剪锯口，以及腐烂病旧疤。刮治复发和新发现的病疤，并用40%氟硅唑乳油400倍液＋柔水通300倍液涂抹。腐烂病严重的果园，应间隔7～10天，连续涂抹两次。刮治后的病残体和其他病虫枝，要集中烧毁深埋处理。

检查防治蛀干害虫。对于蛀干害虫如天牛、吉丁虫等，可用细铁丝插进枝干的虫孔，刺死幼虫；也可用注射器将内吸性药液注入孔门，用泥堵严孔口，这样可将躲在树干内的害虫毒死。有果农发现，给蛀孔注入适量的汽油，可有效杀死天牛幼虫。

冬季清园：苹果落叶清扫落叶，摘除病果，刮治苹果腐烂病病疤，冬季修剪后清除残枝落叶，并及时喷布1次3～5波美度石硫合剂。

（三）树干涂白

对主干和中心干上（距地面1.5～1.6米的部位），以及大主枝（必要时）刷抹涂白剂（涂白剂配制比例：生石灰2份、固体石硫合剂1份、食盐半份、水10份。配制方法：先用热水溶化，再加凉水稀释搅拌均匀即可）。也可按照以下配方：水30千克＋白灰10千克＋食盐2千克＋动物油2.5千克＋石硫合剂原液1.5千克。树干涂白既可以清除隐藏的病菌和害虫，减轻枝梢抽条和冻害发生，同时幼树涂白后可以有效地防止野兔啃食树皮的危害。

（四）采集育苗种子，选留优质接穗

在秋冬季采集生长健壮、无病虫害的野生苹果属砧木种子，并沙藏处理，以备来年繁育苗木之需。在冬季修剪的过程中，要注意在生长健壮、结果良好、丰产稳产、无病虫害的苹果树上选留优质一年生接穗，并科学冬贮为来年改良换种和繁育苗木准备材料。

（五）总结经验教训

调查果园长势和成花情况，结算全年支出和收入，核算成本和效益，认真总结经验教训，为制定来年生产计划提供科学依据。